TOYOTA
Human Power

［經典暢銷版］

トヨタ式人間力―ものの見方・考え方と仕事の進め方

豐田智慧

充分發揮人的力量

若松義人、近藤哲夫——著　林慧如——譯

經營管理 28

豐田智慧：充分發揮人的力量（經典暢銷版）

作　　者　若松義人、近藤哲夫
譯　　者　林慧如
責任編輯　林博華
行銷業務　劉順眾、顏宏紋、李君宜

總 編 輯　林博華
發 行 人　凃玉雲
出　　版　經濟新潮社
104台北市中山區民生東路二段141號5樓
電話：(02) 2500-7696　傳真：(02) 2500-1955
經濟新潮社部落格：http://ecocite.pixnet.net
發　　行　英屬蓋曼群島商家庭傳媒股份有限公司城邦分公司
104台北市中山區民生東路二段141號11樓
客服服務專線：02-25007718；25007719
24小時傳真專線：02-25001990；25001991
服務時間：週一至週五上午09:30~12:00；下午13:30~17:00
劃撥帳號：19863813　戶名：書虫股份有限公司
讀者服務信箱：service@readingclub.com.tw
香港發行所　城邦（香港）出版集團有限公司
香港灣仔駱克道193號東超商業中心1樓
電話：(852) 25086231　傳真：(852) 25789337
E-mail: hkcite@biznetvigator.com
馬新發行所　城邦（馬新）出版集團 Cite (M) Sdn Bhd
41, Jalan Radin Anum, Bandar Baru Sri Petaling,
57000 Kuala Lumpur, Malaysia.
電話：(603) 90578822　傳真：(603) 90576622
E-mail: cite@cite.com.my
印　　刷　漾格科技股份有限公司
初版一刷　2005年3月1日
二版一刷　2019年12月17日

城邦讀書花園
www.cite.com.tw

ISBN：978-986-97836-8-2

定價：340元
Printed in Taiwan

〈出版緣起〉

我們在商業性、全球化的世界中生活

經濟新潮社編輯部

跨入二十一世紀，放眼這個世界，不能不感到這是「全球化」及「商業力量無遠弗屆」的時代。隨著資訊科技的進步、網路的普及，我們可以輕鬆地和認識或不認識的朋友交流；同時，企業巨人在我們日常生活中所扮演的角色，也是日益重要，甚至不可或缺。

在這樣的背景下，我們可以說，無論是企業或個人，都面臨了巨大的挑戰與無限的機會。

本著「以人為本位，在商業性、全球化的世界中生活」為宗旨，我們成立了「經濟新潮社」，以探索未來的經營管理、經濟趨勢、投資理財為目標，使讀者能更快掌握時代的脈動，抓住最新的趨勢，並在全球化的世界裡，過更人性的生活。

之所以選擇「**經營管理**—**經濟趨勢**—**投資理財**」為主要目標，其實包含了我們的關注：

「經營管理」是企業體（或非營利組織）的成長與永續之道；「投資理財」是個人的安身之道；而「經濟趨勢」則是會影響這兩者的變數。綜合來看，可以涵蓋我們所關注的「個人生活」和「組織生活」這兩個面向。

這也可以說明我們命名為「經濟新潮」的緣由—因為經濟狀況變化萬千，最終還是群眾心理的反映，離不開「人」的因素；這也是我們「以人為本位」的初衷。

手機廣告裡有一句名言：「科技始終來自人性。」我們倒期待「商業始終來自人性」，並努力在往後的編輯與出版的過程中實踐。

〔推薦序〕

向豐田學習——永續進步的企業文化

石滋宜博士

在坊間談論豐田生產管理的書不勝枚舉，報章雜誌對於豐田的報導也多不勝數，那麼，讀者或許會問：既然有那麼多的資訊，何必要再看這本書呢？到底它的價值何在？

我認為本書對豐田的文化講述得最徹底，是它的價值所在。

很多經營者對於豐田最感興趣的地方在於她生產的改善方式，但我必須說，豐田真正成功的關鍵，不在於生產設備，也不在於手段，而在於她的文化。本書所涵蘊的就是豐田文化對人重視的精神，而形成在運作體系中無所不在的生產力。

她的文化形成是源於創辦者豐田佐吉的工作精神，他在製造織布機的過程中，就喜歡動腦去思考怎麼改善設備，確認織布機的不良品是出在材料還是機器的問題。而從豐田佐吉開始不空降接班者的做法，也使得企業文化一脈相傳，到現在獲美國《財星》（*Fortune*）雜誌選為二〇〇四年度亞洲最佳企業家的社長張富士夫，都堅持相同的理念。

「聽來的教訓無法起什麼作用，只有靠自己一步一步摸索來的，才能發揮力量。在沒有教科書引導，只能靠摸索的情況下，重點就是先做了再說。」這是豐田對於人性的透徹省悟，也落實在她「做中學」的企業文化裡。對於一直苦思如何建立豐田生產制度的經營者們，我建議可以從本書第三章〈誰有能力實踐豐田式生產？〉從頭徹底地讀完，並確認這樣的觀念能在自己的企業裡實行，讀其他的章節才有意義。

眾所周知，「KAIZEN」（改善）是豐田文化的象徵，但是最根本的是豐田認清一個事實：「敵人不是競爭者而是自己！」

「一旦產生目前為止已有長足進步的念頭，改善工作恐怕也就到此為止了。過去的就讓它過去，要抱著『目前狀況很糟糕』的心態，每天去進行改善工作」，這是豐田式生產的思維模式。豐田式生產唯有持續進行，才能發揮真正的效果。

因此，要把問題清楚攤開在員工面前，只要有任何一點點不對勁的地方，都不能視而不見。每天不斷確認這個事情合不合理？改善後再問「這個合理」合不合理？不斷地問「為什麼？」，把自己視為最重要的敵人，所以要求員工工作不能只是動手，更得要「帶腦袋」才行。更尊重他們的「思考空間」。

事實上，豐田式生產可說是在激發「人的智慧」——不是只把東西做好而已，還要發揮群體的創意力提高產品附加價值。「認同用腦工作的意義，並能感受用腦的喜悅」、「如何塑造讓員工帶著愉快心情來上班的企業文化」，培養懂得享受學習樂趣的員工是豐田式生產的目標。鼓勵大家從工作問題情境中一起學習並思考怎麼改善，在給予員工刺激之餘，無形中就形塑出「以人為本」的創新企業文化。這與我最近推動「情境式組織學習」（contextual organization learning）的宗旨，有不謀而合之處！

當深入去了解豐田的企業文化後，我深深地感覺到，豐田的成功並不僥倖，這也是當前豐田是日本第一、世界第一的ＤＮＡ！所以當獲悉經濟新潮社將這本書中譯出版，很樂意接受邀約為之作序，薦請讀者從豐田情境中去體會經營的奧祕。

（本文作者石滋宜博士，為全球華人競爭力基金會董事長）

目次

〔前言〕

為何撰寫這本書？

二〇〇一年三月，拙著《豐田式育才與造物》（Diamond出版社）問世以來，承蒙各界支持能夠多次再版，並得到許多寶貴的意見與迴響。其中也有人要求「務必把這本書變成在中國製造產品的教科書」，這個案子目前正與Diamond出版社洽談當中。「中國的產品製造能力再繼續增強下去的話，恐怕會對我們造成致命威脅」，儘管這個危機的確存在，但只要日本的產品製造能力再升級，又何懼之有？

豐田式生產的特點，一言以蔽之就是「日新又新」。當初出版《豐田式育才與造物》時，有人質疑「將豐田的know how公諸於世是否妥當」；也有人閱讀過後，反映「某些敘述與所了解的豐田式生產有所出入」。如果豐田式生產是一成不變的手段、手法，那麼以上看法完全正確。相反的，如果豐田式生產是與時俱進、不斷求變的生產體系，那麼就無需太過憂慮。因為今日所採用的手段、手法當然會和以前不同。

時時求變與不容改變是豐田式生產賴以成立的兩大要素。儘管製造方法時時在變，對於「杜絕浪費，以最佳思維、最小成本製造優良產品」的基本信念，卻是堅持到底絕不改變的。無論社會環境如何變遷，「持續創造客戶」永遠被公司奉為圭臬。變化是從「人的智慧」而產生的，而「以人為中心的產品製造」絕不會有絲毫改變。

先前的作品以「育才與造物」為題，是希望大家能了解「以人為中心的產品製造」之可貴。不過，也有許多意見反映說：「以人為中心的產品製造，在執行層面上，會面臨意識改革的困難」。的確，「意識改革」並非容易的事。若要採用新的手段、手法，得要把已經根深柢固的「看法、思維模式」加以改變，談何容易？

筆者離開豐田之後，曾經協助二十多家企業進行製造改革。一般而言，單從手段、手法方面下手，要把生產成本降個一到二成也並非難事，然而，若要將處處浪費的生產方式連根拔除，改變「看法、思維模式」往往會是難以突破的瓶頸。豐田式生產能否真正轉化為自家的生產體系，關鍵在於員工本身必須建立一個習慣：運用自己的智慧與力量，持續改善。

有「用腦工作的人」存在，是豐田式生產能夠成立，並且與日俱進的前提要件。當然，這絕非一蹴可幾的事，還需要以「尊重人性」為出發點，去尊重所有員工的「思維能力」，以及「目視管理」等各種機制的配合。所謂的豐田式生產，不只是與「產品製造」相關的種種手段與手法而已，更是一種培育「製造產品，提供服務的人」，並引導其發揮能力的「經營體系」。

本書將從實踐豐田式生產時最重要的一環，也就是從「人」的角度切入，剖析何謂「以人為中心的產品製造」，以及如何導引「人的力量」。

讓更多人了解到「豐田的生存之道」是我最大的願望。對於本書中所提到的「對事物的看法、思維模式、工作的處理方式」，可能很多人會認為「太難了吧」。就連採行豐田式生產的許多企業，引進之初也在改變積習已久的「看法、思維模式、處理方式」上吃足了苦頭。不過，他們靠著堅持到底的毅力，現在都能把這些視為理所當然，而公司以及員工本身，也都培養出強勁無比的競爭力。在這個沒有教科書的時代，除了自己拼腦力、親身實踐之外，別無他法。「透徹思考、徹底實踐、堅持到底」不僅企業必須做到，每位員工同樣也要牢記在心。如果這本書能讓大家有所體會，我也就心滿意足了。另外，在各章結尾處，除了「重點回顧」之外，為加深各位的理解，並設有「問題思考」單元。若能提醒各位自問自答深入思考，個人將感到無比的欣慰。

此外，本書大量引用恩師大野耐一先生的言談、軼事。筆者過去跟著大野先生工作時，將其教誨一一記錄在日記、手札當中，至今仍不時反覆吟味。本書內容有多處引自當時的日記、手札，為求更精確無誤，同時亦參考了大野先生所著《豐田生產方式》（Diamond出版社，中譯本中衛發展中心出版）、《工廠管理一九九〇年八月號》（日刊工業新聞社）。此外，我也從豐田英二先生的著作《決斷》（日經財經人物文庫）、石田退三先生的《商魂八十年》（自研社）、片山修先生的《豐田之道》（小學館文庫）等書，以及各報章雜誌所載產業新聞，得到許多寶貴的啟示與訊息。

本書承蒙豐田汽車包括張富士夫社長在內的上下各級幹部員工，以及白鳥進治先生（愛新〔AISIN〕精機株式會社前副社長）、平尾光司先生（社會基盤研究所會長）、植松高豐先生（KOYO THERMO SYSTEMS株式會社會長）、神戶健二先生（理光〔RICOH〕株式會社社長）、森弘志先生（鐘淵化學工業株式會社常務董事）、真鍋征一先生（日本板硝子株式會社常務董事）、大島敦先生（日總工產株式會社副會長）、阪口政博先生（共立金屬工業株式會社社長）、藤井幸鄉先生（World Industry顧問）、永野光容先生（豐丸產業株式會社常務董事）等諸位先進不吝賜教，在此謹致上個人最深的謝意。

最後，要感謝勞苦功高、在背後默默支持我的第二十一編輯小組的今村龍之助先生、桑原晃彌先生，以及Diamond出版社的篠原育夫先生。

二〇〇一年六月吉日

Cultivating Management株式會社社長　若松　義人

特別顧問　近藤　哲夫

序章

探究豐田式生產的根源——人的力量

1 日本人以智慧挑戰全世界

苦難不能屈我，立定志向永不移

外國技術人員不遠千里來取經

位於名古屋市西區則武新町四丁目一番三五號的「產業技術紀念館」（電話052-551-6111），是豐田產品製造史的展覽館，為地上兩層建築，總樓地板面積二萬九十一平方公尺。該紀念館是由豐田集團旗下十三家企業共同設立，於豐田喜一郎先生（一八九四—一九五二）百年誕辰的一九九四年六月十一日起對外開放。該館原先是豐田佐吉先生（一八六七—一九三〇）為了研發自動織布機，而於明治四十四年（一九一一）興建用來進行實驗的廠房。這棟歷史悠久的紅磚建築裡，俯拾皆是豐田集團「投注在產品製造領域的熱忱」以及「創造與研究的精神」。

紀念館設有「纖維機械館」專區，展出纖維機械技術的演進過程。日本國產織布機技術的發展歷程，可從豐田佐吉先生歷年所發明的機器中一窺究竟。館中機器以實際操作的動態展出方式，讓參觀者可以詳細了解機器的運作機制。

有些企業每年會固定派遣年輕的技術人員前來參觀館內的系列展覽，美國的波音公司就是其中之一。他們總會花上好幾個小時，詳細了解豐田佐吉先生改良織布機的歷程。此外，還有不計其數來自韓國、中國等各國的技術人員，他們認真聽取導覽、探索發明足跡的熱心程度，遠遠勝過本國的日本人。

豐田佐吉取得專利遍佈十九個國家

豐田佐吉是在一八九〇年，二十二歲時完成他的首項發明——將手動織布機加以改良的「豐田式木製人力織布機」。這是一項藉由單手前後推動經線軸，便可自動引入緯線的發明。較之傳統織布機，不但生產力大幅提高四至五成，品質也獲得提升。隔年即以此取得生平第一項專利權。

一八九六年時又發明了日本最早的動力織布機「蒸汽機驅動織布機」。這個木鐵混製的織布機除了增加緯線斷線就會自動停機的裝置以外，還有其他各種自動化設計，低廉的價格讓小型業者也有能力購買，生產力更一舉提高二十倍之多，堪稱日本紡織業發展史的劃時代進步。

之後，豐田佐吉在織布機的發明方面，一改傳統的平面織布機，獨創立體式構造的「環狀織布機」、無需停止自動換梭織布機（G型自動織布機，此項技術後來轉移給英國的普拉特公司），這些發明皆為世界的織布機發展開創了嶄新的一頁。回顧他六十三年的人生歷程，總計在日本取得八十四件特許，三十五件的實用新案（譯註：日本專利法中，專利權可分為特許、實用新案、意匠等三種），並在海外十九個國家取得專利權。他以畢生的精力、滿腔熱忱所獲得的成果，絕對無愧於「日本人獨力完成的一大發明」之美譽。

既是發明家，又是實踐者

然而豐田佐吉並非整天關在研究室裡埋頭發明，他設立了豐田自動織布廠之後，全家人就搬到工廠裡住，而他也每天早上進研究室，白天在工廠動手改良機械，晚上再回研究室挑燈夜戰，研究白天所得的資料。世界一流的織布機並不是一蹴可幾的偶然，而是在工廠裡實際操作機械，發現問題就加以改良，如此不斷反覆進行的結果。

要製造好的織布機，得要有好的織線來配合，為此他還特別成立紡織廠。原始動機只是為了確認織布機若織出不良品，問題到底出在材料還是機器。探究事實真相不靠別人，完全憑自己的力量，這種苦幹實幹的精神終於為他帶來技術上的飛躍性進展。

正因他的發明皆來自於實踐，豐田佐吉的織布機不僅為日本織布業的發展立下汗馬功勞，對日本的布料出口屢創佳績也有莫大貢獻。造訪產業技術紀念館的外國技術人員，無不對身兼發明家與實踐者身分的豐田佐吉油然產生景仰之意。

豐田集團承襲自豐田佐吉的熱忱

豐田式生產的兩大支柱為「剛好及時」（Just in Time）與「自働化」。其中的「自働化」是豐田佐吉發明的起源，這點大家都耳熟能詳。對於發明所投注的熱忱，雖然承襲自豐田佐吉，今日的豐田集團更是把它發揮到淋漓盡致。

豐田佐吉本著「苦難不能屈我，立定志向永不移」、「為國家社會奉獻」的態度從事發明，這種精神至今仍明列於「豐田綱領」之中。同時，從「一整天看著老婦人織布的情景」而萌生發明自動織布機的念頭，以及親自到生產現場從事機器改良的態度，在今日的豐田式生產當中仍歷歷可見。尤其重要的，是豐田佐吉「以日本人的智慧挑戰全世界」的不服輸精神，激勵了豐田喜一郎挑戰汽車製造業的志向。

福特T型車上市兩年後的一九一〇年，豐田佐吉遠渡重洋到了美國。在那裡，他感覺到「今後將是汽車的時代」，這個想法開啟了日後豐田汽車的發展史。

2 本於日本文化的日式製造法

我以織布機報效國家，你要以汽車製造為國盡瘁

不被看好的日本汽車工業

「我以織布機報效國家，你要以汽車製造為國盡瘁。」

據說這是豐田佐吉臨終前留給豐田喜一郎的遺言。最初開發汽車的經費一百萬圓，是昭和五年時，豐田佐吉將G型自動織布機的專利權讓予英國普拉特公司而來的。

以當時美國汽車產業的龐大規模來看，幾乎無人看好日本汽車工業的發展。既沒有製造汽車的專門技術人才，也缺乏資本，能不能賺錢更是個大問號。實際上，豐田喜一郎先生在《豐田汽車回首來時路》（對內文宣）當中，也曾提到「像這樣不計後果一股勁往前衝，我自己都覺得只有傻瓜才會這樣」。

既然如此，怎麼有膽量去挑戰呢？

「與其以保險的方式去做穩賺的生意，不如挑戰別人不做、門檻又高的事業，才不枉這

一趟人生。失敗了，就代表自己的能力不足。一定要把自己的力量發揮到極致，既然要做，就做大家都認為門檻最高的汽車吧！就這樣，我一頭栽了進去。」（見前書）

移植外國生產方式，不合本國國情

此後，至昭和十年（一九三五）發表「A1型轎車實驗車款第一號」為止，除了引擎的設計、研究以外，也不遺餘力地從事材料的自行開發、機械與工具的設計與製造。這段期間為當時無人看好的汽車產業打下了穩固的基礎。當時，豐田喜一郎最感困擾的是，如何發展出一套適合日本的製造方法。

「車身的製造無法像美國一樣，採大量生產的模式，可是單靠手工，又怎麼打造得出汽車工業？有人提議延攬外國人才，這樣一來形同如法炮製美國式的大量生產，恐怕不符合我國的國情。總要設法發展一套日本獨一無二的方法。」（見前書）

豐田喜一郎的確從美國的通用汽車、福特汽車學到許多，然而他也很清楚，要全盤移植到日本是行不通的。昭和八年（一九三三），決定朝國民車的方向發展時，他說過這麼一段話：

「我們的生產方法的確要師法美國的大量生產模式，不過並不是要照單全收，而是充分發揮研究、創造的精神，去發展一套合乎我國國情的生產方式。」（《豐田生產方式》）。

豐田喜一郎與豐田佐吉同樣在促進工業立國方面，摒棄模仿抄襲，致力於開發日本的獨創技術，堅強的意志在他身上展露無遺。

基於「剛好及時」概念的生產方式的成形

要發展產業關聯性高、需要眾多基礎產業支持的汽車產業，美國的經驗雖有值得學習之處，卻也不能完全依賴外國的技術人員。對於一步一腳印發展基礎技術、取得生產技術的豐田喜一郎來說，接下來的目標在於確立「日本獨創的生產方式」。戰後不久，他就發出豪語：「三年內要趕上美國」。看來，豐田喜一郎在剛起步的階段，就已意識到要和國情不同的美國一較高下，非發展日本獨創的生產方式不可。豐田式生產兩大支柱之一的「剛好及時」，正是這個符合國情要求下的產物。昭和十三年（一九三八），藉著新建廠完成的舉母廠（譯註：豐田總公司的工廠）採取暢流式生產的機會，「剛好及時」開始實際上線。

嘗試以「剛好及時」概念摸索出日本獨創的生產方式，其過程一度因戰爭而受阻。可是，原先無人看好的汽車產業，竟然真的從零開始一步步茁壯，甚至日本獨創的生產方式也儼然成形，豐田喜一郎立下的宏願，在戰後以「豐田式生產」之名重生，成為日後豐田發展的原動力。

3 單靠模仿無法與美國一較長短

困難之處不少，但絕非不可為

大膽發展「剛好及時」

昭和十三年（一九三八）舉母廠開始運轉，豐田喜一郎藉此將過去刈谷廠所實行的批量生產方式，一舉改為暢流式生產，希望做到「每天只生產必要數量的必要物品」。他認為「倉庫是把錢白白放著不用」的地方，所以沒必要存在。而向外採購的物料也朝「僅在必要時，購入必要數量的必要物品」的方向進行。

這時豐田喜一郎開始打出「剛好及時」的名號。為了教育習於批量生產模式的作業員以及管理階層，他親自寫下厚達十公分的宣導手冊，指導他們暢流式生產的實行方式。這就是「豐田式生產」的根源。

這項嘗試不幸因戰爭而受阻。之後，昭和二十五年（一九五〇）豐田喜一郎本身因勞資糾紛案件，而辭去社長職務，並於兩年後的昭和二十七年（一九五二）過世，終究無法親手完成他多年來念茲在茲的日本式製造方法。所幸，豐田英二（一九一三年生）以及大野耐一（一九一二—一九九〇）承繼了豐田喜一郎的思想，讓「豐田式生產」得以完成。

摒除日本人常犯的重大浪費

昭和二十年（一九四五）豐田喜一郎發下豪語，要在「三年內趕上美國」。對於戰敗後幾乎化為一片焦土的日本而言，這句話聽來未免太不自量力，此時激勵他奮勇挑戰的，應該是「不這麼做，日本的汽車產業就完了」的想法吧。面對這項艱鉅的目標，大野耐一認為要趕上「生產力足足有日本八倍」的美國，唯有「摒除日本人常犯的重大浪費」。這就是豐田式生產的起點。以豐田佐吉的「自働化」與豐田喜一郎的「剛好及時」兩大支柱為基礎，發揮從紡織業所累積的經驗、智慧，豐田式生產就這樣一點一滴打造成形。

尤其，在「剛好及時」方面算是吃盡了苦頭。他在著作中提到：「有些事看來簡直像天方夜譚，卻也不能斷言不可能；看似有機會的，實際上卻是不可為；而看來極其困難的，實際上未必做不到。」他的挑戰欲在這樣的過程中被激發了出來。而為了落實「剛好及時」所進行的種種努力，不久之後便催生了「看板方式」。

以人為本的豐田式生產

所謂的豐田式生產，是在長期努力之下慢慢琢磨成形的。舉例來說，「多製程配置」對汽車生產線的作業員來說，就是莫名其妙的做法，更曾一度喊出「消滅大野生產線」進行頑強抵抗，幸而有豐田英二的背書，才使生產線的混亂情形逐漸平息。

今日豐田的最大優勢即在於豐田式生產；而豐田式生產是日本獨創，並足以誇耀全世界的生產方式，更是不容否認的事實。

自昭和十三年（一九三八）豐田喜一郎開始在舉母廠推行剛好及時制度以來，已有超過六十年的歷史。他所設計的日本式製造方法，如今已站穩領導國際的舉足輕重地位。然而，豐田集團至今仍口徑一致，表示「豐田式生產還在發展當中」。有一位豐田人說：「豐田式生產以人為本，立足於自働化與剛好及時兩大支柱之上。」的確，數萬名員工每天所提出的改善方案可說不計其數，只要能持續提案，那麼前進的腳步當然也不會有片刻停歇。要了解豐田以及豐田式生產，就不能忽視豐田佐吉與豐田喜一郎在發明與汽車產業發展上所奉獻的心力，以及承繼其思想、日復一日持續改善的數萬名員工。

第1章

豐田式經營體系
已成為全球的標準

1 日本人獨創的世界級經營體系

靠知識或靠體力工作不重要，重點在有沒有用腦工作

多樣少量化生產是日本人專屬的獨門利器

汽車產業在以福特體系為首的大量生產模式推動下，於美國快速興起。無論豐田喜一郎，還是大野耐一，都從福特體系學到很多，自然而然也以美國為追隨的目標。

大野耐一認為：「福特體系是源自美國那片土地，是美國人的心血結晶。」當時，日本並不像美國一樣，有大量的汽車需求。何況對於車種多的日本來說，「如何以低成本進行多樣少量的生產」才是考驗所在。因此，日本要趕上美國，一定要開創一種「符合日本風土民情的生產方式」。

「豐田式生產」就是從此而來。實際從事「豐田式生產」的大野耐一曾斬釘截鐵表示：「低成本的多樣少量生產模式，只有日本人辦得到。我一直認為，日本人所開發的生產體系應該會超越其他模式，甚至是大量生產模式」。「只有日本人辦得到」，這句話頗值得玩味。

「改善」是日本人特有的智慧結晶

豐田式生產的最大特點在於，生產現場的每一員工都在動腦持續從事改善。對於「改善」，大野耐一有過這樣的說法（出自《工廠管理》）：

英語當中與「改善」最接近的是「改良」，但找不到完全等同於「改善」的詞彙。請教懂口譯的人如何區分這兩者，所得到的答案是：**「改良」是「花錢達到改善的目的」；而「改善」是「以智慧來從事改善」**。因此，「改善」是「日本特有的智慧結晶」，而日本的產業得以蓬勃發展，可說是歸功於「改善」二字。

從「KAIZEN」一詞的出現，可知「改善」如今已成為全世界的共通語彙。的確，要深入了解「豐田式生產」，「運用智慧的改善」是非了解不可的概念之一。詳細情形我留待後續章節再說明，不過，來自美國的機械完全依說明書的指示來操作，恐怕會出問題。**「只有發揮本地職場的智慧，機械才可能創造高於在美國使用的生產力，這是唯一的克敵致勝之道」**。而且，**「在困境中激發出來的智慧結晶，才可能成為暢行全球無阻的商品」**。無論在任何情況，大野耐一始終強調「人的智慧」。

培養用智慧工作的人

實際上，豐田式生產在激發「人的智慧」方面，有許多獨到之處。基於「將不良品攤在大家的眼前」的原則，一旦問題產生，立即停止生產線，不怕讓自己陷於棘手的情況。激發智慧也自有一套方法，所憑藉的不是一時的靈感，而是在「連問五次為什麼」（詳見第六章）的反覆進行中，以科學的方法找出解答。

智慧的貢獻者既不是公司幕僚，也不是監督管理階層。每一位生產作業人員的發現，才是從事改善的依據。美國式的生產體系下，現場作業員只要確實遵照上級指示即可，而豐田式生產不僅要求作業員體力上勞動，更要他們貢獻智慧，用腦做事。

所謂的知識勞動者與體力勞動者的區分並不存在，因為每位員工都是「運用智慧工作的人」。豐田式生產常被誤解為「產品的製造方法」，實際上應該是涵蓋了如何培育「運用智慧工作的人」，以及如何以這群「運用智慧工作的人」來進行生產與提供服務的「經營體系」。因此，如果少了「運用智慧工作的人」，就算是採行豐田式的生產手段、手法，也肯定無法可長可久。

以人為中心而製造產品、提供服務

豐田式生產今日得以行遍全世界，說明了「以人為中心而製造產品、提供服務」的基本概念逐漸受到全世界的認同。假如豐田式生產只是產品製造的手段、手法，一旦移植到其他環境，應該難免會有水土不服而失靈的情況吧。

自豐田喜一郎開創事業迄今已有六十餘年，直到今天豐田式生產仍能屹立不搖的原因，在於那經得起時代考驗的基本概念，以及能配合客戶的不同需要，逐一進行生產、提供服務的手段、手法。這些手段、手法，在「運用智慧工作的人」努力之下，還有不斷翻新求變的空間。

豐田式生產，是日本人獨力開發而逐漸普及全世界的經營體系。話雖如此，至今許多日本企業以及商務人士對於豐田式生產，還是認定它是一種生產手段、手法。其實，豐田式生產這個以人為中心的經營體系，精髓是能夠將人的智慧、人的力量發揮到淋漓盡致。只有人的力量、人的智慧，才足以開創新紀元。

2 教科書求諸外國的隱憂
如何結合教科書與自己的智慧？

一味相信論文、文獻，終將一事無成

某位頂尖的研究員接到上司交付的研究工作，卻遲遲無法完成任務，而最後他的結論是「做不出來」。問題出在哪？「我的研究完全依照論文所寫的去做，結果卻不是那麼一回事」。原來，問題出在論文不好?!

另一個獲得同樣指示的三流研究員，由於上司向來主張「論文無用」，他不把論文當一回事，最後靠自己的方法成功地達成任務。

這是素有最接近諾貝爾獎之稱的中村修二在著作（《思考能力、耐力，我的方法》三笠書房出版，二〇〇一年）中所提到的一段話。書中也提到，總結來說，遵照論文、文獻指示的一流研究員，還不曾有開發出新產品的例子；開發新產品之際，需要的不是既有的思考模式，而是以創新思維與敏銳的直覺勇往直前的活力。

或許有人認為，這是有關研發尖端技術的評論，不宜貿然引用到商業領域，然而，不容否認日本企業如今所面對的，的確是不曾經歷的未知世界。

產品製造所面臨的不可預測之變化

產品製造的領域，也同樣上演著過去不曾發生過的變局。

首先，這是國際競爭力掛帥的時代。要在國際舞台享有一席之地，必須「求好、求快、求低價」。除了手握獨門法寶的企業以外，其他企業很可能會慘遭淘汰。

第二，這是企業間競爭與市場占有率爭奪戰趨於白熱化的時代。任何品牌都可能一夕間垮台。飽和的市場中銷量難以擴大，只要有品牌撤出，原有的地盤馬上會被其他對手搶食。今天的贏家未必能存活到明天。

第三，這是需求變動劇烈的時代。商品壽命縮短，需求量也波動劇烈。如果不能及時因應量的變化，很可能造成虧本出售、甚至庫存堆積如山的後果。

第四，這是多樣化取向很明顯的時代。為滿足追求個人風格的消費者，產品必須強調多功能、多重選擇。大批量生產的量產模式只會增加庫存的壓力。

第五，這是多產品類型取向強烈的時代。產品需要不斷推陳出新，繁衍新的類型。企業的生產能力必須達到橫跨多種類型，產品數合計達數百種以上的要求。

關於新時代的產品製造，至今還沒有所謂的教科書出現，當然不可能向外取經。儘管如此，仍有許多人一味迷信外來的知識才夠力，拼命地向外取經。

光靠複製他人無法破繭而出

近來政府也不得不承認「通貨緊縮」問題的存在，其實早在多年前就該知道景氣沒那麼容易回升，即便是這樣，還是有不少人抱著景氣遲早會出現轉機的希望，動不動就說：「景氣即將好轉」、「只要資訊革命持續推進，就會帶動景氣」。甚至有人認定產品滯銷是景氣低迷所致，一旦景氣回升，眼前難題就會迎刃而解，結果問題就這樣拖到今天。

照道理來說，無論環境多麼惡劣，企業經營者都得想辦法找出一條生路，把營運問題歸咎於景氣根本無助於解決問題。評論家與企業幕僚也是一樣，一味迷信向美國取經，而把資訊革命奉為解除危機的全能之神，以至於網路泡沫破滅後，頓時方寸大亂不知如何應對。

不靠自己動腦解決，只想要複製成功範例，無論等再久也不可能破繭而出。前文所提到一流研究人員的例子情況雖不盡相同，不過擅長援引教科書、論文、文獻，對於企業在今後求生存一點幫助也沒有。

一般的生產體系通常都是基於「成長型市場」的假設，豐田式生產則有別於此，是根據市場動向決定「必要的」產量，屬於「限量生產」的模式。而且無論產量有多小，都要想盡辦法能夠獲利。豐田早在數十年前，就已看出「成長的極限」，因此所開發的獨創生產體系才能在劇烈的環境變動下屹立不搖。

所有的企業與相關人士都必須認清一個事實——現在是個沒有教科書的時代，要趁早放棄尋求教科書、複製成功範例的念頭，唯有靠自己激發智慧，然後付諸實行才是不二法門。

3 走他人的老路注定失敗

訂定明確的目標，徹底想清楚該怎麼做

製造能力兩極化的現象

企業手上如果不能握有一些獨門利器，很難在國際競爭的時代中存活下去。許多人認為所謂的獨門利器指的是技術能力、商品開發能力。對中小企業而言，這個說法難免令人感到無力和沉重。而服務業的處境也好不了多少，反正再怎麼拼，也拼不過資金雄厚的大企業，乾脆趁早打退堂鼓。情況真的這麼糟嗎？

在這個外表看來並不起眼的產品製造領域，有一些實實在在，努力將自家企業打造成為「only one 企業」的現象正在發生。製造能力正呈現兩極化發展。

參考豐田式生產而創造「UNITECHNO 式生產」的理光公司（RICOH UNITECHNO）（總公司位於埼玉縣八潮市，資本額日幣二億圓，年營收三〇五億圓，員工總數七四〇人），社長神戶健二（一九四六年生）表示：「生產技術正朝兩極化發展。工廠能不能製造出百分

之百符合預期的產品？有沒有本事製造價廉物美的產品？只要在這兩點獲得客戶的信賴，客戶只會源源不斷地湧進來。工廠就是最棒的展示中心。」

儘管很多企業為訂單減少所苦，但只要像理光公司一樣具備「以低成本製造高品質產品的能力」，那麼根本不用煩惱訂單的問題。

打遍天下無敵手的產品製造

的確，勇於在產品製造上求精進的企業，不會感覺到景氣衰退。

那些在「品質、交貨期、成本」方面享有優勢的企業，都能擺脫景氣波動的干擾，贏得客戶的肯定。相反的，沒有任何特出之處的企業，在目前的時代已經很難再得到客戶的支持。

要培養出「打遍天下無敵手」的產品製造能力不是件容易的事，除了上述的理光公司以外，我在《豐田式育才與造物》中所提到的共立金屬工業（總公司位於富山縣高岡市，資本額日幣四千五百萬圓，年營業額二十億圓，員工總數六十人）也是如此。當其他同業大多還維持傳統的大量生產模式時，他們為了配合顧客所需，已經轉而採取多樣少量的生產方式，十多年以來，在一次次的嘗試錯誤中摸索前進，如今從接單到完成紗窗、玄關大門的生產只需要短短兩個小時。

該公司社長阪口政博（一九五〇年生）表示：「放棄大量生產，改採需要機動性換模的單件流生產，肯定是件麻煩的事。可是，為了生存還是硬著頭皮做，只有在日復一日持續進行改善當中，努力把繁瑣辛苦的程度降到最低。」他們並不是空有危機感而已，更重要的是確實朝著「與需求連動的產品製造」之方向，持續改善工作，才有今天的局面。

切身感受到危機感，朝「only one企業」邁進

「再這樣下去，只有死路一條。」很多人都有危機感。可是，真的把危機當作切身之事來處理了嗎？看來也未必。

許多企業經營者面對競爭力節節衰退的現象，無法認清事實而一口咬定景氣循環說，將全部的問題歸咎於景氣欠佳。大多數的受雇者似乎也因為擔心遭到裁員，不敢面對問題，而以「公司總有辦法撐下去」來自我安慰。

這是看似有危機感，實際上並沒有真正認清自己的問題，因而公司以及個人都還不能力

圖改變。在產品製造的領域，墨守傳統的生產方式，只會產生許多不必要的浪費，就算已經意識到競爭力逐漸喪失，還是會因為束手無策而放任情況繼續惡化下去。

如果現在還繼續用過去那一套，採用與對手同樣的做法，肯定會一敗塗地，更可能失去競爭力。要避免走上這條路，首先必須確定自己的企業要以什麼為賣點。在產品製造的領域裡，只要在「品質、交貨期、成本」上確保自己優於其他對手，就能擺脫景氣波動的影響。接著要做的是朝向目標，每天不斷地進行改善。說起來好像了無新意，可是只要目標夠明確，一步一步走下去，「only one企業」的目標一定能達成。

4 人是企業的基石，社會的根基

經營者的任務之一，在於培養能向下紮根的人才

要培養一個盆栽還是整棵松樹？

以前鈴村喜久男先生（豐田汽車生產調查室前任主查）曾對我說：「你老是斤斤計較一些枝微末節的事，你到底是要養一個盆栽，還是種一整棵松樹？」

我與引進豐田式生產的企業之間，有許多意見交換、實地參訪的機會。每次到了生產現場，總是可以發現一堆問題。這並不是某一家企業的特殊情況，就連向來在品質與生產力方面，有世界第一美譽的豐田汽車，要從工廠中挑出十來個毛病也不難。

所以，並不是該工廠問題叢生，只能說「改善是件永無止盡的事」。問題的確是不少，而解決的手段、手法也不在少數。只是，站在經營的角度來說，許多問題的改善並不需要急於一時。

問題當中，有些是與經營的本質息息相關，有些只能說是枝微末節的小問題。對於鉅細

靡遺列出無關緊要的問題，硬要提出解決的手段、手法，大野耐一也說這是「只會注意枝微末節」。

光靠手段、手法行不通

原本企業經營者的任務就不是在養個小小盆栽，而是在種植一棵棵樹根緊抓大地向下伸展，即使氣候變化、環境改變也不影響成長的大松樹。因此，與其拘泥於特定手段、手法，更重要的是確認自己的目的。想要「以好的思維製造好的產品」，首先要培育人才，發展以人為中心的產品製造。

至今許多人對豐田式生產的認識，仍停留在所謂「看板式」的手段、手法上，卻忘了豐田式生產的根源裡，有著「以人為本的產品製造」這項「經營哲學」。將至關重要的經營哲學擱在一旁，卻把重心放在表層手段、手法的引進，反而可能產生新的浪費，而產品製造、經營的改善則陷於停滯。

成功引進豐田式生產的企業，幾乎都在「徹底改變對事物的看法、思維模式」上吃盡苦頭。反之，「對事物的看法、思維模式」維持不變，單只引進「看板式」手段、手法的企業，往往過了幾年又回到原點，陷入停滯。那是因為他們忽略了最要緊的事——訓練生產線作業員自己動腦思考，而只是一味向外尋求範本，或是頭痛醫頭腳痛醫腳，久而久之，他們的產品製造就慢慢悖離了配合客戶所需、以暢流式生產的「一以貫之」方式。

千萬不要以養盆栽式的思考，東折折西剪剪，光注意外表的好看與否。首先，最重要的是要讓樹根緊抓大地，向下紮根。

達成目的的手段、手法何其多

在這個市場變化劇烈的時代，眼前的最佳手段、手法，未必能沿用到明天。一旦前、後製程有所改變，夾在中間的當然也得跟著變。忘了這一點而死守過去習慣的手段、手法，將會危及現有地位，在轉眼間與變化中的市場產生了脫節。

產品大賣與滯銷時，應該採取的手段、手法不會一樣，機器人、資訊科技的運用方式不同，也會產生不同的浪費。應該要看當時情況，以自己的目的為依歸，思考什麼是真正必要的手段、手法，再加以實踐。

在衡量改善之道的評估階段，針對一個目的，可以有許多的解決手段、手法。應該盡可能列舉多種解決方案，經過通盤考慮之後再選定最佳方案。過去在豐田任職時，每當我提出必須花錢的改善方案時，往往上司只狠狠丟下一句：「一萬日幣以內解決掉！」這是要我多加評估，看看有沒有其他不花錢的解決方案，或是更省錢的方法。這個經驗讓我至今仍然受用無窮。

現在的人往往急於馬上得到正確答案。工作上可採取的手段、手法多不勝數，最佳方案也會隨情況而改變，因此，首先要動腦多想幾個解決方案。如果不加思索隨便採用他人的手段、手法來解決問題，可能會與原先目的漸行漸遠。目的確定之後，應該隨時備妥多種手段、手法，以便從中選擇最佳方案。務必好好牢記這一點。

5 擁有知識、資訊還不夠看，今後是拼智慧的時代

知識只有在實踐當中才能轉化為智慧

知識是紙上談兵，一味苦學無法派上用場

「知識與智慧是兩回事」，這個說法，恐怕會讓人誤以為我主張「知識無用論」。擁有知識當然好過無知，這是無庸置疑的。大野耐一也表示豐田式生產的概念，是以福特的暢流式生產與泰勒的科學管理法為基礎，加上督導人員訓練（TWI; Training Within Industry For Supervisors）等，「總結所有可用東西」而來。

從知識層面來說，做類似研究的人豈在少數，只不過，大多數的人都是把知識介紹到日本而已，並未進一步應用到生產的現場。僅止於閱讀、學習的層次，與「閱讀沒什麼用，重要的是要動手做做看」相比，這兩種概念有著天壤之別。

動手做做看就會發現，實際情形完全跟書上記載的一樣根本是不可能。**「到現場看，才能知道原先所想的是好是壞，而這又會衍生另一個新的問題。工作就是這麼一回事。」**大野

耐一的一番話，道盡了知識是如何被運用成為「現場的智慧」，進而發展為豐田式生產的關鍵。

智慧不會因為引進外來知識而產生

豐田英二有「工廠之子」的封號。只要時間允許，他會不停地在工廠裡轉來轉去。雖不全然是「興趣激發能力」，不過，這的確是他從事產品製造的起點。前些日子，張富士夫社長也是在新車發表會之前，早上八點半就到了元町廠。「智慧源自生產現場」這個「現地現物」的概念（參閱第七章）至今仍然存在。

而知識也有「不費吹灰之力得到的知識」以及「一步一腳印得到的知識」的分別。再談到是否把知識放到實踐的層面，實際做做看，層次又有所不同。只有發揮「智慧」，知識才能真正派上用場。

近來有個現象，許多來自美國的知識只透過一道英翻日的程序就進了日本。原本知識的產生就與一國的文化、經濟、民族性密不可分，當然不可能與其他國家相同。所以將美國知識直接引進日本，可能會「畫虎不成反類犬」。

豐田喜一郎在昭和十一年（一九三六）所發表的《豐田汽車回首來時路》當中提到，創立汽車工業如果借助外來兵團的力量，那麼就像移植美國的大量生產模式一樣，不可能符合日本國情，「必須採用日本獨創的方法」以充分發揮日本人的長處。運用人的智慧去摸索日本式的製造方法，這個想法與豐田佐吉的「日本人獨力完成的一大發明」相通，當中蘊含了無比堅強的意志。

大野耐一深受啟發的「剛好及時」概念也出自豐田喜一郎，完全不具外來知識的成分。他雖有極高的求知欲，卻始終堅持必須運用自己的智慧，創造自己的生產方式。

外來的知識要親身實踐

擁有知識、資訊固然是件好事，可是，太過迷信反而會造成障礙，讓寶貴的智慧無從發揮。

豐田式生產也是一樣，當作知識來理解並不困難，不過，一旦實行起來，就會產生種種問題。凡事依賴知識的人，大多會在這個階段開始萌生放棄的念頭。唯有將學到的知識，一個一個去實踐，才能讓豐田式生產發揮效用。

現在是個相對容易取得知識的時代。拜網際網路之賜，只要懂外語，要得到外國的知識可說是輕而易舉。話雖如此，大多數人都只是引進知識而沒有讓知識在日本落地生根。從根本上就缺少了把智慧融入日本風土民情、文化習俗當中的反覆嘗試錯誤的過程。我想，日本最欠缺的，是一種追求日本獨創的強烈企圖心。

本章重點回顧

日本正面臨一個前所未有的新時代。儘管熱中於向外尋求教學範本，想靠複製他人經驗來塑造國際競爭力卻是不可能，而且也不符合日本國情。更何況，現在根本是個「沒有教科書」的時代。唯一可行之道就是靠自己動腦思考解決方案，再努力實踐。

問題思考

1 面對這個時代，要如何掌握、確保生存之道？

2 請問日本的企業、經營者當中，有沒有足以效法的典範？如果有，請問理由是什麼？

第2章

尊重人性的
豐田式經營體系

1　豐田式生產為何招來「悖離常識」之說？

誤判市場接受度而生產，是浪費的起源

知道未必能做到

豐田式生產與一般的生產方式相較之下，目前為止九〇%以上的日本企業仍然採行後者。雖然愈來愈多企業嘗試採行豐田式生產，不過絕大多數都無法達到全面推行的階段。也有不少企業曾經一度引進豐田式生產，後來因為效果未能持續，而不了了之回到原先的生產方式。不管是引進或落實都不容易，這是有理由的，因為要從一般生產方式轉變為豐田式生產，非得徹底改變「對事物的看法、思維模式」不可。

對於一直相信「大量生產可降低成本」的人來說，他們很難理解「針對客戶所需的產品，只在必要時生產必要的數量即可」，或「把必要的產品生產完畢之後，最好就停機不動」之類的觀念。就算他們認同「誤判市場接受度下的生產，是形成浪費的根本原因」，還是不見得能做到。尤其，對於平常不接觸生產作業，只在辦公桌上進行規畫的人來說，更是難上

加難。

員工從上到下都得求變

即使是小小的生產線作業員，他們的作業方式也會因為引進豐田式生產而大幅改變。首先，他們得從單能工的角色轉變為多能工，而原先只負責生產單一類型產品的生產線，則必須應付不同種類、規格產品的生產。規定作業方式的標準作業雖然存在，但是作業人員必須將標準作業加以改寫，以求更好的作業方式。狀況一旦發生，就要自行判斷是否該停止生產線。

一直以來慣於聽命行事，廢話不必多說的作業員，會覺得豐田式生產對他們的要求未免太多。有些人以「做不來」為由置之不理，也有人因為獲得信賴而成就感大增。

至於現場的管理監督人員，其任務不是跳下去一起做，而是要確實監督手下員工的工作。除此以外，還要動腦思考「如何能杜絕作業上的浪費」，把改善當成日常工作的一部分，培育多能工。

以上，只是隨意舉幾個例子而已，實際上要實行豐田式生產，必須從上到下的所有員工都改變「對事物的看法、思維模式」，以及「工作的進行方式」。

豐田式生產不過是實行一些理所當然的事

豐田式生產是架構在一般認為理所當然的概念之上。說穿了，就是以「市場取向的思考模式」為基礎，「徹底杜絕浪費」，實踐「以好的思維製造物美價廉的產品」，如此而已。有「豐田福神」之稱的石田退三（第三任社長，一八八八—一九七九）曾說：「以『好的產品，好的思維』為原則，將理所當然的事貫徹到底。該做的就去做，既然做，就要做個徹底，不管任何阻礙都要排除萬難做到好。」（見石田退三所著《商魂八十年》）

至於人的方面也是一樣。許多企業重設備而輕人力，動不動就把生產線移到海外，相較於此，豐田式生產最重視的是人才，靠人的智慧進行工作。兩者的差異非常明顯。許多企業採行「設備掛帥的產品製造」，以此觀點來看，就不難想像為何豐田式生產會讓人覺得有違「常識」。也因此，實踐豐田式生產才會如此困難。

首先，「豐田式生產是種特殊的生產方式」，這種想法應該摒棄。如果覺得它是「特殊的」、「有違常識的」，那麼「心理上的抗拒感」只會愈來愈深。在這個時代，「以廠商立場為出發點」的模式已不再適用，成長型經濟也成為昨日黃花，過去習以為常的傳統生產方式已經落伍，這是不爭的事實。

與其把一般的生產方式與豐田式生產做比較，評論各自的優劣高下，不如先想想「要如何實踐豐田式生產」。只要實際去做做看，一定會發現它的優點。

2 設備是其次，重要的是人才

碰到問題想靠硬體解決前，先發揮人的智慧想想對策

經營必須靠忍術

大野耐一曾談到關於「工時與人力」的一段話：

「工時（man hour）雖然可以計算，不過不能以計算結果來斷定人力不足、目前狀況無法因應。人力（man power）是絕對無法估算的，只要人的智慧得以發揮，能力就可以無限擴大。」

他也曾提過「算術與忍術」（見《豐田生產方式》）。

有一次，某位課長向大野耐一報告說「已經可以用八十人的規模生產五千台的成品」，那麼「生產一萬台需要多少人？」針對這個問題，課長回答說：「一百六十人。」話一出口馬上被大野耐一訓了一頓：「2×8＝16，這是小學的算術，我這把年紀了還用得著你來教嗎？」他接著說：「就算產量加倍，作業員也不能跟著加倍。經營不能靠算術，要發揮計算

能力以外的智慧跟訓練，也就是忍術。」不久之後，就以一百位員工達到一萬台的產量。

這雖然是徹底排除浪費的結果，不過能否做到，關鍵畢竟還是在人。人類擁有無盡的智慧，是豐田式生產的基本思維。

人與機械的共存提升人類的能力

豐田式生產有所謂「以人為中心之生產線」的說法。

過去的工廠現代化，幾乎等於機械化、自動化的代名詞。在東西做得出來，一定賣得出去的時代，這麼說也沒什麼不對。不過到了產品講究少量多樣化、不斷推陳出新的時代，自動化的生產線就開始出現左支右絀的情況。如果所有類型的生產作業，都得利用機械來進行，那麼將會耗費龐大資金與時間，只是徒增成本而已。尤其要把生產線調過來製造新產品，更是動輒花上好幾個月。像目前這種講究少量多樣生產，改款期又短的產品製造模式，光從設備著手，不能完全解決問題。

從事產品製造如果不能充分運用人的能力與智慧，將無法配合時代的需求。有些產業不能從頭到尾完全不用人工，以服飾業來說，那樣會使得人特有的溫暖感觸與味道無從表現。

反之，搬運或抬高重物之類的工作，就非得靠機械輔助甚至代勞不可。因此，重點不在於否定機械，也不在強調人必須為機械善後。

重點是要明確劃分機械與人類各自的優勢。人類與機械如何共存與協調，才是最值得關切的問題。

不相信人的能力的企業經營者多如牛毛

這個想法的背後，隱藏了「人類智慧浩瀚無邊」、「人力無可估量」等等對於人類的絕對信賴。

近來，相信電腦萬能，懷疑「人類的智慧與能力」的人不在少數。企業經營者為了提高生產力，往往採取「裁減人力，投入動輒數億的設備投資」方式。也有不少經營者以「網路交易時代，跳過經銷商反而能提高獲利」，漠視人際網路的重要性，甚至認為「只要技術能力夠強，就算沒有經銷商也不用擔心」。

這類經營者不相信人的能力，也不知如何激發人的能力。另一方面，確實實踐豐田式生產的企業，懂得發揮人類智慧，也獲得極大成效。以人為中心的概念有多重要、效果如何，事實就是最好的證明。

以個人來說，人往往也對自己的能力劃地自限，其實，人類擁有機械、電腦無法辦到的能力。我相信「人力無法估量」。要激發無盡的力量，只有靠平常不斷努力。這就是無教科書時代的生存之道。

3 體貼照顧容易造成懈怠

豐田要塑造的是「以人為重」的職場

「體貼照顧」不等於「以人為重」

豐田是個遣辭用字講究精準的公司。

我在《豐田式育才與造物》書中提到，大野耐一曾告訴豐田的社長張富士夫「尊重人」與「尊重人性」之別。簡單來說，「尊重人」就如同字面上的意義，是指對人的尊重。而，「尊重人性」，則是對於人所擁有的思維能力給予最高程度的尊重。因此，要員工「聽命行事」稱不上尊重人性。如何給予員工「思考的空間」，引導「生產現場的智慧」才是重點。

同理類推，「體貼照顧」與「以人為重」也有所區別。

若是問豐田工廠的參觀者，怎樣的職場稱得上是為高齡者、女性設想周到呢？許多人回答「體貼照顧人的職場」。對此，豐田的想法是：「體貼照顧，聽起來多少帶點『很好混』的感覺。我們想要塑造的是以人為重的職場。」

如何提高每個人的工作價值

豐田所說的「以人為重」，並不是要每位員工只會聽命行事，而是要他們運用「智慧」做事。因而豐田精確計算每項作業所造成的體力負擔，並持續加以改善，希望讓女性員工能有同樣力量參與所有製程。在職場環境的塑造方面，對於體力仍在而視力、聽力漸漸衰退的高齡員工，則以提供安靜明亮的職場給予協助。創造適合每位員工的職場，要從「如何讓人發揮百分之百能力」的觀點出發。

對於豐田式生產消除浪費，將動作化為工作的思考方式，也有人持不同看法：「絲毫不存在浪費的工作，未免太過無趣。」話說回來，難道拼命製造賣不出去的東西，到處尋找根本不存在的事物，或是像個「當班的機器人」一樣，兩眼發直地盯著機器看，這就叫做人的工作嗎？豐田式生產的概念是「員工奉獻寶貴的時間給公司，如果不妥善運用，無異是一種濫用」。

他們希望去除所有對員工而言不具意義的動作，以提高每個人的工作價值。並且反覆進行改善，努力達成目標。長期下來，就會創造出「以人為重」的職場。

光靠體貼照顧不會提高競爭力

「體貼照顧」與「以人為重」相比，有些人傾向選擇前者。也有不少人寧願選擇聽命行事，也不願面對必須不斷提升自我、充分發揮個人智慧的工作方式。還有人深怕變化，寧願十年如一日地不斷重複一成不變的工作。

保護政策是近來的熱門話題。各農業團體擔心中國的進口農產品會危及他們的生計，紛紛要求政府限制進口。其實，就算實施一年半載的進口限制措施好了，接下來的因應對策又是什麼呢？

在這個所有企業都必須面臨國際競爭的時代，沒有任何農業團體、企業能夠置身事外。廣納業界意見，發動限制進口的措施，的確是一種「體貼照顧企業團體的政策」，可是，過度保護對於提升競爭力一點幫助都沒有。如果真的「重視」，就應該好好思考如何強化競爭力，力保生存空間。

當日圓高漲，許多企業被逼得喘不過氣來的時候，大野耐一認為「與其事事依賴，大聲求救，不如抱定破釜沉舟的決心做最後的努力，這樣反而能殺出一條生路」，因而持續推動豐田式生產。怎麼樣才能丟掉依賴感，把能力發揮到極致，值得大家認真思考。

4 標準作業不是作業手冊

要消除浪費，刺激人的思考能力，首先得建立標準作業

標準作業等於作業手冊？

「標準作業」是豐田式生產的重要基礎，是製造物品、搬運貨物、到採購資材的基準。標準作業主要是指工作當中涉及人的動作部分，使其進行順序毫無浪費之效率化作業的進行方式。

標準作業由三大要素構成：「拍子時間（takt time）、操作流程、標準在製品數量」，在操作上必須完全比照標準作業的規定進行。一般生產方式並未嚴格規定標準作業，只要根據作業要領學會操作就可以，相較於此，標準作業的嚴格可見一斑。

不了解的人聽到這裡，說不定會聯想到常見於速食店的作業手冊，或是卓別林電影，兩者都是完全依照固定的步驟、方式，一個動作接著一個動作進行。

只要依照規定好的作業程序，乖乖按部就班去做就對了！有這種想法，難怪大部分學生

都排斥去製造業工作。這樣的風氣的確帶來不少困擾，不過只要到實行豐田式生產的企業走上一回，一定會驚訝地發現這個印象完全錯誤。

讓問題浮現

標準作業的目標，是要消除浪費，激發人的思考能力。

以下舉幾個實行標準作業的例子。

「現場作業必須讓生手也能做得來」，「如果把作業員操到汗流浹背，那是監督人員的能力有問題」，「生產效率講究的是製程的進行方式，不在流多少汗水」，這些都在說明一點：標準作業是要讓非熟練工的普通人，也能用一般的動作，將一定程度的工作在不感困難的情況下，以不產生浪費的方式完成。

以上所說的，看來與作業手冊並無太大差異。最大差別在於標準作業對於問題究竟出在熟練度上、或是標準作業本身的問題上，採取追根究柢讓問題浮現的態度，而不是事先規定好判別的準則。

曾經聽某個豐田的工廠，提到有關工作進行方式的說法：「就因為軌道存在，一旦脫軌，才能立刻發現」。如果缺乏一套可靠的標準，恐怕連問題都難以界定。尤其一般生產方式所採取的「邊看邊學」模式，又容易受到人為因素影響，要了解問題的本質更是難上加難。針對這個問題，豐田式生產的「目視管理」正可派上用場。

自己動筆寫下標準作業並著手改善

另外，標準作業並不是由在上位者所規定，而是由生產線員工自行書寫，並著手改善。因此，標準作業在初期階段有不盡完善之處也是可以接受的。大野耐一曾說：**「先訂下稍微寬鬆的標準作業，那麼大家都能加以改善」**。重點在於，大家以現狀為基準，共同腦力激盪，持續改善的精神。

人的動作之間任何不經意產生的小小浪費，一旦發現，就一個個去除。反覆改善的過程中，無形中「動作就化為工作」，生產力也會跟著提升。長期下來，豐田式生產就在這種源自生產現場之標準作業的小小改善下，展現出卓越的成效。

標準作業與作業手冊，乍看之下沒什麼不同。然而，由作業員自行書寫，並著手改善，就是根本的差異所在。

有些年輕的上班族從工作的進行方式到商務禮儀，凡事都想要依賴作業手冊。他們對於作業手冊預先設定好的狀況，都能完美利落地完成，可是只要狀況稍微異於平常，就會立刻手忙腳亂。沒有發生狀況時能順利工作，本來就是理所當然；只有在突發狀況發生時，才能看出真正的價值。

不要再迷信來自美國的翻譯手冊、Know How書籍了！標準作業原本就不應該假手他人，更何況一旦問題產生，只要改寫標準作業，就能產生進步，變成自我的成長。一味相信外來和尚會念經，永遠都只能停留在模仿的階段。

5 單件流生產的產品製造

過量生產造成人工作上的浪費

最大的浪費莫過於過量生產

豐田式生產是建立在徹底杜絕浪費的基礎上。

浪費的類型，包括過量生產、積料、搬運、加工、庫存、動作、產出不良品、產業廢棄物等。其中，最大的浪費莫過於過量生產。不僅會提前耗費材料，占用機械設備，耗用電費，動用作業員工時，最後還會製造庫存，根本只是提高成本而已。

過去只要產品做得出來，就銷得出去，頂多只是時間的早晚而已。因此往往把產能全開以追求最大生產量。當時的想法是，機械的產能利用率愈高，折舊負擔愈低，平均下來的成本也愈低，大量生產自然而然成為主流。

從成本角度來看，大量生產看起來的確比較划算。不過，如果產量超過銷售量，代表要額外耗費材料費、工資成本、支付庫存的倉儲費用，以及管理庫存的人事費用。總結下來，儘管前半段生產作業的部分成本可以降低，然而總成本卻是有增無減。

額外生產的部分，如果賣不出去，根本一點意義也沒有。獲取最大利益的方法只有一個，那就是只針對有實際需求的產品，製造必要的量，並且銷售出去。

多重選擇的時代，大批量生產行不通

的確，每天製造同一數量的同樣產品，可以提高工廠的生產效率。針對這個問題，我用一句話來說明：「批量的大小代表老闆的實力」。

不管產品種類再多，消費者並不會依照工廠設想的情況來購買。因此，生產若不能配合銷售情況，庫存會立刻增加，更慘的情況是，還可能成為滯銷品。即使工廠裡的負責人將生產批量設為最少十個，萬一顧客只買了一個，剩下的九個就會成為所謂的過量生產。這樣稱不上把工作做好，而老闆的實力也立刻見真章。

引進豐田式生產的服飾業者World Industry（總公司位於兵庫縣三原郡，資本額九千二百萬圓，年營業額七十四億九百萬日圓，員工人數七八一名），對於目前潮流的認知是「選擇重於流行」。過去服飾業靠著掌握流行趨勢在賺錢，如今則是「依自己的價值觀，選擇適合自己的商品」的時代。

這個轉變不僅適用於服飾業。消費者對於產品的需求，可說是林林總總、五花八門，不僅眼光挑剔，而且還理所當然地要求產品必須品質高、價格低廉。

在產品製造的領域，大批量生產已經不符時代所需，唯有將每位消費者的需求一一照顧到，也就是以「一」為單位的產品製造才有生存的空間。

目標指向以「一」為單位的產品製造

不只要追加生產「目前最熱銷商品」、「銷售一空要馬上補貨的商品」，更要進一步做到如同日本壽司店師傅一般的「接單後能立刻生產」。

這種產品製造模式無法仰賴外包作業、大批量生產、海外生產來完成。業務單位接到的訂單能不能吃下來，關鍵在於有沒有辦法做到從生產到物流的階段，資訊與產品隨時保持連動的所謂「一以貫之的產品製造」。一口氣大量生產，再把成品堆放在倉庫的模式，往往會需要的那一樣偏偏找不到，而銷不出去的又堆積如山。

單件流生產的模式下，一方面不用擔心過量生產形成浪費，另一方面更能貼近消費者的需求。當然，從大批量生產到單件流生產，轉變過程絕對是條漫漫長路。無論對事物的看法、思維模式，甚至製造方式，都得進行徹底的變革。尤其縮短換裝模具的時間、訓練多能工更是不可或缺的一環。更重要的是，如果員工無法養成動腦的習慣，隨時思考比現在更好的方法，那麼單件流生產的產品製造就無從實現。

過去的產品製造模式已經不具競爭力了，而未來應該設定的目標也不難看出來。想要在國際舞台上脫穎而出，獲得消費者的支持，接下來該怎麼走？答案非常明顯。

本章重點回顧

豐田式生產與大多數企業所採行的大量生產模式，在概念上剛好背道而馳。相對於「以設備為中心」的思考，豐田式生產的精髓在於「以人為中心」的概念，對於「人的思維能力」給予最多的尊重。在產品的製造方法上，也不以廠商立場為出發點，而是貼近消費者需求，將「單件流生產」奉為根本。這並非有違常識、缺乏知識，實際上豐田式生產能夠發揮如此強大的功效，正因為他們做到把理所當然的事情貫徹到底。所謂理所當然之事指的是什麼？了解後還必須有一股作氣的行動力。

問題思考

1 您認為「大量製造有助於降低成本，大批採購比較便宜」嗎？

2 如果不引進最先進設備、運用資訊科技，未來的產品製造就沒有生存空間嗎？

第3章

誰有能力實踐豐田式生產？

1 領導人該親身參與，還是全部交給屬下？

剩下的「全部交代下去」，屬下恐怕會跳腳

實踐豐田式生產的困難所在

離開豐田二十年來，我致力於把豐田式生產推廣到其他行業。其中，有些企業成功地將豐田式生產轉化為自成一格的生產體系；也有不少企業在初見成效的階段，就鬆懈下來，最後又退回原點。甚至，還有部分企業面臨內部的頑強抵抗，以致連第一步都沒有踏出去。

能夠將豐田式生產轉化為自家生產體系的企業，可以在業界搶占一席之地；相對來說，前功盡棄的企業，時至今日仍然擺脫不了必須求變的壓力。過去同樣都接觸過豐田式生產，為何今天的結果會有天壤之別？原因與企業規模、所處行業別、所在地區毫無關係。

最大的原因，就是我一再強調的：不能只把豐田式生產視為單純的手段、手法而已，它更是一套經營體系。如果無法從根本改變對事物的看法、思維模式，光是實踐已有困難，何況是落實。產品的製造方式要摒除製造商觀點，改以消費者導向為主軸，以彈性因應市場的

變動，並貼近消費者多樣化的需求。光是如此，對於習於傳統生產方式的人來說，就已經必須把思維模式做一百八十度的轉變。

引進與落實還需要意識改革的配合

其次，豐田式生產的最大特點是，包括生產線作業員在內的所有員工，都要本著「維持原有的高品質，同時努力降低成本」之原則，依據自己所提的建議，「每天從事改善，每天實踐」。只有從意識改革做起，產品製造才可能有大幅改變，也才可能長久推行下去。這就是引進豐田式生產的一大關卡。相對的，只要意識改革得以成功，一定能在產品製造方面創造出所向披靡的強大競爭力。

正因如此，企業能否實踐豐田式生產，就在於企業領導人有多大的決心。推行成功的企業領導人，每一位都是捲起袖子親身投入生產線，反覆進行嘗試錯誤的工作。

「聽來的教訓無法起什麼作用，只有靠自己一步一步摸索來的，才能發揮力量。在沒有教科書引導，只能靠摸索的情況下，重點就是先做了再說。」企業經營者的這段話，說明了只要領導人有幹勁，就會帶動底下的員工。「因為，領導人擁有不怕苦、不怕難、一定要撐到底的堅強意志，在下面的員工既沒有退縮的餘地，也不會想要退縮。」

考驗領導人的決心

改變對事物的看法、思維模式不是件容易的事。改變一直以來的做法想必也是痛苦的。要克服這些障礙，企業經營者必須展現堅強的意志。

有些經營者對於豐田式生產相當有興趣，不過並不想要親身投入。他們大多認為自己負責擷取知識，其他就交給底下的人就好。這樣一來，可就苦了被賦予重責大任的屬下。

如果只是把豐田式生產看成一套手段、手法，也有機會獲得不錯的成效。好好執行的話，成本壓低個一〇％或二〇％並不是不可能。只不過大多數的企業，都因為「已獲得驚人成效」而開始休息。不久之後，就發現又回到了原點。

豐田式生產能否徹底實行，最重要的是企業領導人本身的態度。這不是件交給別人統籌負責，自己可以輕鬆坐享其成的容易事。不僅如此，領導人本身也絕不能滿足於現狀，必須經常保持危機意識，持續從事改善。領導人選擇自己挺身而出，或是置身事外全權交代給屬下，就看領導人有多大的決心。

2 不要拘泥於手段、手法

徹底思考什麼是達成目標的關鍵

「看板方式」運用不當會產生反效果

豐田式生產當中最為人熟知的「看板方式」，運用得當的話，可以有效遏止過量生產的浪費，實行效果非常驚人。相反的，假如運用不當，則可能成為造成傷害的凶器。

「看板方式」是達成剛好及時的一種手段，可以防止過量生產、提領過度，目的在於消除浪費，創造利潤。原本「暢流式生產」、「生產的平準化」是決定看板方式能否有效運作的兩項基礎條件。

可是許多企業這兩項基礎條件還未發展成熟，原先的生產方式也沒有任何改變，他們只把「看板方式」運用在外購零件的部分。換句話說，企業本身並未對消除浪費付出任何努力，只是一味壓榨外包廠商（在豐田式生產體系裡稱為協力廠商）而已。物流廠商當中，也曾有過只要廠商運送食品的時間稍有延遲，就動輒要求減價、甚至拒絕收貨的例子。這些都是錯誤的運用。真正的看板方式，要從企業內部的徹底根除浪費做起，接著才向外推廣。這是實行看板方式的前提要件。

切勿捨本逐末，誤以手段為目的

有些企業不了解「看板方式」的真正目的，導致運用失當；有些則是做了一大堆精美的「看板」，亂用一氣，還誤以為這就是所謂的「看板方式」。

原本「看板」張數應該要愈用愈少才對，有些企業卻誤把張貼看板當成目的，不知不覺中，看板張數愈來愈多，而理當減少的庫存反而日益增加。

曾有一家食品業者，由於無法實行生產的平準化，所以捨棄「看板」，僅保留由後製程提領的基本概念。大野耐一了解情況後，表示「看板只是一種手段罷了，維持目前的做法就可以了」。這是個沒有採用「看板」的例子，還有一些企業是以「生產指示書」來取代看板。

有些企業對於豐田式生產很有興趣，也考慮引進，但並未深入了解豐田式生產的目的，只是擷取表面的手段，如「看板」、「Andon」等。無論什麼事情，最大的危險莫過於「誤以手段為目的」。

條條大路通羅馬，手段、方法多得是

同樣情況也發生在企業的自動化與資訊科技化方面。非得大手筆買進高價的自動化設備，幫每位員工配備專用電腦，這樣整個企業才顯得出氣勢，許多人都有這樣的迷思。可是，生產成本會因為這樣而降低嗎？競爭力會因此而提高嗎？答案並非如此。

「資訊科技時代」的旗幟當前，許多企業禁不住廠商遊說而幫員工添置個人電腦，可是事前根本沒規畫過用途，結果只是拉高成本而已。採購自動化設備的情況也是一樣：如果企業購置高價的機械能夠相對節省人力也就罷了，可是實際上卻是本末倒置。結果頂多只是讓現有員工操作上較過去輕鬆一點而已，或是讓員工按了鈕後，就呆坐看著機械；要不就是對於花了大筆銀子買進來的設備，抱著不用白不用的想法，把產能全開，最後造成庫存堆積如山。

任何想法一旦產生之後，應該要認真思考「目的是什麼？」「有幾種方法可以選擇？」。

達成同一目的之解決手段、方法何其多。千萬不要把目的、手段混為一談，要選擇最適切的手段、手法。如果把「培育人才」的大事置於不顧，偏重於引進手段、手法，就誤以為是在實踐豐田式生產，那麼永遠不會成為真正的實踐者。

3 動腦思考的人還是動手實踐的人？

想東想西沒有用。往前踏出一步，才會豁然開朗

不要瞻前顧後

「光想不做完全沒意義。」

能否實踐豐田式生產，這句話是一大關鍵。

未來，成長型的經濟型態已不可能，什麼是理想的產品製造模式？歸根究柢，就在於豐田式生產的消除浪費。不過，豐田式生產畢竟與傳統的生產模式無論在看法、思維模式上都大相逕庭，因此，許多人都以「太過理想無法做到」，還沒開始就打退堂鼓。也有些人儘管有興趣了解，卻始終認定不適用於自己。

成功引進豐田式生產的人，都不只是有興趣了解而已，他們不去反覆思考能或不能，而是直接著手去推動。在此我以「不要瞻前顧後」來呼應。如果嘗試新的做法之前，不停地擔心「到底成不成？萬一失敗了該怎麼辦？」那麼肯定沒完沒了。一味瞻前顧後，只會阻礙前

進的腳步而已。

開始實踐才會發現問題，看見解決之道

有時候在實驗室從頭到尾操作正常，一到了生產線上卻不是那麼回事；相反的，在實驗室操作時諸多不順，上了線，卻反而正常運轉，諸如此類的例子屢見不鮮。不管事前設想得多周到，光說不練沒有任何意義。總之，就是要在生產線上實際操作，才能看到成效。

正因如此，無論幕僚人員、企業領導人知識再豐富，只要對於現場操作不感興趣，就不可能實踐豐田式生產。如果，實行豐田式生產只要單純地引進一套手段、手法的話，再怎麼說還是可以勉強套用，不過，效果不會持久。

要談到落實，就必須把引進的手段、手法，與生產現場的智慧加以結合。引進之初，從設備、治具（輔助工具）、到作業方式，都會狀況連連。光是物品的置放位置，都可能造成問題。這些情況，就算幕僚人員事前想破頭，也難以設想周全，更別提想出解決的方法了。換句話說，只有實際動手操作，才能發現「問題所在」，也才會知道「如何加以解決」。

光說不練的人，不可能實踐豐田式生產。唯獨具有行動力的人，才可能加以實現。

4 新的方法還是慣用的方法？

日復一日嘗試新做法，路會愈走愈寬廣

與其解釋為何做不到，不如想想該怎麼做

新的方法與慣用的方法，你會選擇哪一個？通常大家都會選後者，這是一般的思考方式，可是豐田式生產的概念有所不同。

「如果新方法與現有的方法相比，兩者的成本相去不遠，那麼就採用新方法。因為新方法具有寬廣的改善空間」，這是豐田式生產的概念。

所持的基本態度是：「與其解釋為何做不到，不如把力氣花在思考該怎麼做」。

慣用的方法、現有的方法、以及新的方法，比較起來，新的方法總是會被評為「不可能」。發生在某家建商的例子是，光是在鐵鎚怎麼擺這件事上，就遭遇到頑強的抵抗：「我十五年來都是把鐵鎚放在一旁幹活，硬叫我把鐵鎚掛在身上，到底要怎麼做事？」不只如此，引進新方法時，總會引起大大小小數不清的問題。任何事剛起步，一定是一團混亂。

如何避免走回頭路

為了將混亂情形降到最低，我在引進豐田式生產的初期，不會一口氣就全面推廣到所有生產線。而是，先製造一個模範生產線，針對這個生產線反覆進行改善工作，透過實例讓大家了解什麼是「產品製造的目標」。當模範生產線步上軌道之後，才以水平方式擴及其他生產線。不過，即便如此，問題還是層出不窮。

改善模範生產線的階段、或是推展到其他生產線的階段，如果動輒以「做不下去了，原本的做法比較好」為藉口而輕易棄械投降，那麼永遠不可能落實豐田式生產。如果明顯的錯誤可以當場加以修改，可是一碰到棘手問題就退縮，光想些做不到的理由，那麼肯定沒希望。這類公司，通常在新方法開始發生問題時，就決定「還是回到以前的做法吧！」落實新方法要經過一段漫漫長路，但是走回頭路只在一瞬間。

要避免走回頭路，重要的是切記「與其解釋為何做不到，不如想想該怎麼做」，而員工更必須有「過去如此，現在如此，未來仍然繼續如此」而做好嘗試新方法的心理準備。不以現狀為滿足，抱持「今天是最差的情況，要想出更好的方法」的態度，那麼豐田式生產才可能真正落實。

5 成功機率是一〇〇%還是六〇%？

以機率高低為依歸，別期望爆發性成長

「不要寄望無懈可擊。六十分就好。重要的是要進步。」

若要引進豐田式生產，千萬別一開始就鎖定一個遠大的目標。剛開始時注重動手實踐，接下來再慢慢設定高一層級的目標即可。

不要只以成功機率為判斷標準

世上有許多人，不管要做什麼，都非常在意是否有百分之百的成功機率。成功機率高的話，就勇氣十足地面對挑戰；相反的，成功率低，橫看豎看都覺得不太可能會成功時，就找出各種理由，編造藉口來推託，要不就是主張終止計畫。計畫果真執行失利時，則以權威姿態丟下一句：「我早就說有困難吧！」

這種在動手做之前，只在意結果如何，從某個角度來說，算是走安全路線。在過去容許百家齊鳴的時代，採取這種做法也無可厚非。可以先觀察其他公司的產品銷路、其他公司的

狀況，評估一切沒問題之後，自己公司再跟進。現在，這一套已經行不通了。

重點在向前邁進的決心

競爭激烈又瞬息萬變的時代當中，倘若事事冷眼旁觀再決定下一步，稍不留神就會面臨被市場淘汰的命運。任何企業都必須有不畏風險的覺悟。

筆者在《豐田式育才與造物》當中提到，昭和三十八年（一九六三），當時年營業額僅及美國通用汽車六十分之一的豐田汽車，拿通用汽車的成本當作基準，將兩者的差額視為「該打消的浪費」而列入財務報表當中。兩家公司的規模有天壤之別，照理說是無法比較，就算要比，也應該與其他同業相比。

其實，重點不在規模的大小，而在於設定的目標。當然，要在短時間內追上通用汽車無疑是天方夜譚，然而正因為清楚雙方差距，且為了拉近彼此的距離而竭盡所有努力，豐田汽車才有今天的局面。

如果只敢訂容易達成的目標，或者挑戰成功機率高的目標，那麼絕對無法期待任何突破性的發展。與其輕而易舉達成低門檻的目標，不如挑戰高難度目標，就算只能達到起碼的六十分又有什麼關係。目前雖然只有六十分的程度，只要擁有不斷奮勇向前的決心，豐田式生產一定能成就一番局面。如果一開始目標就設定在無懈可擊，恐怕連前進的機會都沒有。

6 外包還是內製？

自己無法生產的直接發包出去，只會造成經營上的黑盒子

外包是新趨勢，內製早已過時？

企業的成長模型，從二十世紀初期「自行生產所需的各項物品」的內製型態，演變為日本汽車產業所代表的「系列型態（譯註：是指日本的集團企業緊密結合的特性）」，近幾年，再轉變為將業務大量發放外包的型態。有些人主張透過外包，把核心事業以外的業務一項項轉為委外方式來進行，這樣才足以重拾過往的競爭力。在這樣的思考之下通常認為，外包才是正確選擇，系列型態或內製化都是過時的做法。

既然工廠設在日本肯定不敷成本，最好把生產基地移往中國、東南亞地區。而日本的工廠則轉手賣給EMS企業（專業代工廠），從自行生產轉為生產業務外包的型態。

真的這樣就沒問題嗎？

歸根究柢，一切的根源在於，符合現今時代所需的產品製造，已經無法由單一企業一手

包辦。

過去一味依賴擴充設備的做法，導致過量生產的浪費，也影響到因應市場變化的彈性。生產成本過高的結果，使國內生產無力維持。結果只好將生產作業外包給EMS企業，或將生產基地移往海外。

委外生產的業務一項項收回

實行豐田式生產的企業，卻在進行反向的行動。

這些企業多把過去委外生產的業務一項項收回。以服飾業的World Industry來說，將外包改為內製的做法，達成了前置時間只需五天的好成績。而生產基地設在中國的其他同業，前置時間約五週，其間差距可見一斑。另外還有一家建商，向來將外牆工程、安裝窗框之類的工作發包出去，現在也把這類業務收回自理。

「今後的時代，必須持續進行改善，陸續將外包的業務收回自製。不這麼做，無法提高附加價值，降低成本。」

這就是豐田式生產的產品製造觀。

業務外包將喪失改善空間

某一家外食業者，當其他同業紛紛將材料進貨、食材加工、物流等作業向外發包時，卻反而採取自行打理這些業務的方式。

「提高內製比率，可免除轉包中間業者而增加的費用，有助於降低總成本。儘管外食產業仍在持續成長，成本也還有許多壓低的空間，不過輕易將業務外包，會造成業者只在意委外製造成本的數字高低，而忽略了思考是否存在改善空間。」（出自CRI總合研究所的《MANAGEMENT SQUARE》）

藉著自行投入外食產業所涉及的各個環節，去發現浪費的所在，進而將浪費一一徹底消除。也只有如此，才能在低價競爭中屹立不搖。

這麼說並不是在否定業務外包的意義。只不過，公司的產品製造，乃至於公司的作業模式沒有經過徹底的改頭換面，而只是拼命將公司業務外包的話，真正的競爭力將無從產生。

能否實現豐田式生產，最重要關鍵在於能不能做到所有製程的徹底改善。如果將各項製程放著不做，什麼都發包出去，那麼豐田式生產絕不可能有實現的一天。

7 只出一張嘴，還是捲起袖子做給大家看？

方法愈新，愈要親身示範，才能服人

新方法總是起頭難

共立金屬工業的社長阪口政博以豐田式生產為基礎，發展出自家的「KPS式生產」。當初要著手嘗試豐田式生產的時候，他對員工說：「不要拿新方法跟過去的做法比較，只要想想如何讓新方法成功就好了。」新的突破總是會遭遇萬般困難，這倒不是產品製造領域特有的現象。更何況一下子要完全摒棄經年累月的作業方式，任誰都會產生抗拒。尤其愈資深的員工，這種情況愈是嚴重。

他們不是對於新的提案，動輒回以「以前早就做過類似的嘗試，結果失敗了」，讓好不容易成形的提案胎死腹中。要不就是對於提高生產力的改善方案，產生排斥心理：「這麼久以來，我盡心盡力替公司賣命，難道還嫌我做得不夠嗎？」總之，就是不願意積極面對新方法。

就算公司強制推行新方法，他們迫於形勢只好暫時接受，可是只要往後有什麼風吹草動，還是會借題發揮，一定要想盡辦法重回老路。人的心理就是如此微妙。

訓練人員親身示範的重要性

前文提過，引進豐田式生產的初期，不要寄望一口氣做到全面性的改頭換面。可以先製造一個模範生產線，針對新的做法反覆進行嘗試錯誤，等到上了軌道再全面推廣。

對於考慮引進豐田式生產的企業而言，與模範生產線同等重要的是，企業裡的訓練人員本身必須投入生產現場，才能服眾。假設原先日產量三十件的商品，要提高到六十件時，訓練人員必須真的花一整天時間，實際操作給生產線員工看，這樣才能達到指導的目的。不過絕大多數的指導人，頂多都只做一、兩個，然後就丟下一句：「接下來，就照著做。」這種方式無法讓線上作業員服氣，因為「做一、兩個誰不會？」除非訓練人員真的花一整天，證明可以做出比原先更好的成果，否則大家不會有興趣，更不會服氣。

豐田海外工廠的成功因素之一，是推動豐田式生產的人，本身即具有實際操作能力。如果靠一群光說不練、動口指揮的人，肯定帶不動生產線的工作人員。

光憑知識、權力不足以革新

共立金屬工業之所以能成功引進豐田式生產，正因為社長阪口政博制定了模範生產線，並親自下海參與反覆嘗試錯誤的過程。倘若只是仗著社長的權力，要求屬下聽命行事，根本服不了人。

這並不是產品製造的特有現象。無論幕僚人員提出多麼棒的想法，生產線就是不配合的情況時有所聞。「空有想法沒有用，還是得實際動手做才能見真章」，這麼說當然不無幾分道理，同時，如果幕僚人員本身不好好運用生產現場的智慧，或沒有自己親自下去做的念頭，結果當然不可能符合原先預期。

從這個角度來說，有的企業領導人表面上說「完全授權生產現場負責」，實際上根本是不想碰生產線的事情，有些年輕的幕僚人員則是無法與生產線保持良好的溝通，這類情況越來越多是值得關切的現象。管理靠的是知識，身為監督者，則必須擁有帶人的能力與魅力。現今的時代，企業領導人、幕僚人員光靠知識、權力，既無法帶人，也無法產生變革，除非自己挺身而出「動手做」、「做給大家看」。

8 去考核還是去理解？

人的自信隨著考核次數增加而減少，人都渴望被理解

生產線的創意是公司的命脈

「最近的年輕人不好用吧？」針對這個問題，愛新精機（總公司位於愛知縣刈谷市，資本額四百十一億日圓，營業額五千一百十五億日圓，員工人數一萬一千名）的前副社長白鳥進治（現任愛新輕金屬社長）回答說：「除了考核以外，人更需要被理解，不是嗎？」

該公司向來以改善案的提案件數多而聞名。某一年該公司的員工提案，更囊括科學技術廳長官賞的八％之多。「生產現場的創意巧思是本公司的命脈所繫」也是他的口頭禪。

最近的年輕人，不時被冠上「工作意願低落」、「等待指令的族群」、「作業手冊的世代」之類的負面評語。不過，該公司年輕一輩的員工，倒是個個滿懷熱忱，工作態度認真又積極。即使是工作以外的時間，看到什麼，也會從中找尋改善工作的靈感。這就是努力發現問題，工作投入，隨時保持思考習慣的證明。

也因為如此，「即使錄用新進員工時，最優秀的學生總是被豐田捷足先登，不過本公司仍有十足信心，能在十年內把新進員工培養成材，就算與豐田員工相比也毫不遜色。」

除了考核更需要被理解

最近各種考核方式雖然有愈來愈透明化的趨勢，可是就接受考核者的立場來看，仍存在許多盲點，導致不滿情緒累積，甚至覺得「做與不做，還不是一樣」，而對工作失去幹勁。

豐田式生產不會讓考核方法流於黑箱作業。任何人擁有的能力、技能項目，以及能力高低，都以「職業技能訓練表」（請參考第五章）清楚標示。每個人所擁有的證照、資格，曾經提過的改善方案，有何貢獻，也都一目了然。執行方式透明至此，即使進行「考核」，也不至於引起「考核基準何在」的質疑。只要考核基準夠明確，就算待遇有別，也能讓人心服口服。剩下的，就只要把全部的心思放在工作上即可。

對豐田式生產而言，重點不在「考核」，而在於讓每一位員工了解「由思考帶領工作」的重要性。現在的年輕人，從小到大接受過諸如偏差值（譯註：學力測驗的結果，顯示個別考生與全體考生平均值的偏離程度）之類的無數次考核，對於考核一事早已司空見慣。只是，他們其實更期待自己的想法、甚至自己本身能夠得到更多的理解。

相信人的能力、人的可能性

「要員工聽命行事」這一點的確可以被「考核」，可是這跟「理解」毫無關係。如何讓年輕一輩充滿熱忱享受工作，端看能否給他們思考的餘地，讓他們進行腦力激盪。

對於人只從分數觀點給予評價，不可能真正實踐豐田式生產。如果不相信人所擁有的能力、人的可能性，並好好下工夫去引導員工發揮個人的能力，就沒有資格稱為豐田式生產的實踐者。

9 是業界的常識還是缺乏常識？

如果單憑業界的常識就可維持成長，何苦勞心費神？

從事單一事業，容易被業界常識的框架所限

豐田集團的愛新精機除了從事汽車零件製造之外，還生產許多其他產品。包括床架、免治馬桶、甚至空調設備。當然還有那素有傳統的縫紉機、刺繡機。其中床架、免治馬桶、空調設備乃是在同一座工廠製造，作業員得身兼三職，生產這三種產品。

一般人聽到這個做法，通常會感到訝異，完全風馬牛不相及的產品，怎麼會一起生產呢？從生產者的觀點來說，其實產品製造的原理都一樣，沒什麼好大驚小怪的。其實更重要的是，「一直從事同一個行業，很容易受業界的習慣所桎梏。而延伸觸角則比較可以擺脫產品製造受到習慣制約的可能」。

正因為這種不受業界習慣桎梏的做法，讓該公司得以突破家具業界床架的前置時間需一至一個半月的模式，率先做到早上接訂單、傍晚前已經完成交貨，前置時間只需短短兩個小

時的地步。

不囿於常識的產品製造

各行各業都存在所謂的「業界常識」。不過，光以業界常識見長的公司，多半無法消除浪費，甚至無法察覺浪費的存在。因此，愛新精機這種不囿於業界常識的觀念就更彌足珍貴。

「存貨就是資產」、「一次大量購買比較便宜」、「一次做起來比較節省成本」等，是製造業普遍認同的常識。可是根據豐田式生產的概念，「庫存是一種罪惡」，「只在必要時刻，製造必要數量的必要物品」才能賺得更多，又不浪費。關於產品製造的正確觀念，要想辦法擺脫常識的框架。

關於機械的耐用年限，會計的處理原則一律採用「法定耐用年數」。而豐田式生產，則不管機械的新與舊，只要在員工的腦力激盪下讓機械可以維持百分之百的「可動率（Operational Availability）」（想要啟動時，隨時都保持在可運轉狀態），那麼就算耐用年限已過，也無需汰舊換新。相反的，有些機械雖然使用上處處小心，卻還是撐不過耐用年限。這種情況下，就算要被課以稅金，還是得把折舊攤掉。

有時該全盤改變對事物的看法、思維模式

我無意否定任何知識、業界常識，不過我有時也認為想一想「人的目標到底是什麼？」「什麼是人的正確常識」是更重要的事。知識，到底是用來做什麼的？

豐田式生產，並不否定知識、業界常識。不過，愈是在意所謂的平均值，往往就連平均值也到不了，因此還是應該經常以全新的角度對待事物、進行思考。

太過講究知識與經驗，難以實踐豐田式生產。要實踐豐田式生產，有時得跳脫原本對事物看法、跳脫原先思維模式來面對。

10 要繼續半調子，還是持續進行改善？

如果不想繼續前進，最好趁傷害未擴大前及早收手

安於現狀是最大的敵人

豐田汽車無時不抱持「危機感」，並加以面對。

許多人納悶，像這樣一家經常利益將近一兆日圓的公司，「危機感」從何而來？他們本身倒是經常以「在歐洲仍是非主流」、「要在中國、印度市場擁有一席之地，必須將成本壓低到在本國生產時的幾分之一」，來勉勵自己勇於接受新的挑戰。豐田雖有多項無可匹敵的優勢，但是絕不忽視自己「不擅長之處」、「問題點」，這正是他們最強的地方。

豐田英二在《決斷》一書曾提到：「自認到達巔峰者，接下來就沒指望了」、「不管人還是企業，一旦停下腳步，就到此為止了」，他也提到「安於現狀是最大的敵人」。這句話傳神地傳達了豐田這家公司的精神。

至於引進豐田式生產，並得到卓越成效的企業，也都異口同聲表示：「豐田式生產尚未

完成」。改善、發現浪費是永無止盡的工作。「一旦產生目前為止已有長足進步的念頭，改善工作恐怕也就到此為止了。過去的就讓它過去，要抱著目前狀況很糟糕的心態，每天去進行改善工作」，這是豐田式生產的思維模式。

持續力、貫徹力

豐田式生產唯有持續進行，才能發揮真正的效果。

把豐田式生產當一回事，而採用它的手段、手法的企業，要把成本降低個一到二成並非難事。不過大多數案例都是到了這個階段，就感到非常滿意，並誤以為效果已經完全展現，因而放慢了改善的腳步。也有些企業輕易將賺來的錢投注在新事業，完全把剛開始推行豐田式生產時的「危機感」拋在一旁，這樣當然無法持久，也在轉眼間退回到原點。

人通常都會在狀況開始好轉的時刻，出現安於現狀的傾向。可是，這樣會阻礙生產改革的徹底執行。

一旦開始進行生產改革，就應該徹底執行，不要橫生其他想法。要一直進行到改善的風氣完全根深柢固，也就是做到「脫胎換骨」為止。豐田汽車乃至於整個豐田集團，能做到把改善視為理所當然，要歸功於長期從組織最基層做起的努力。

豐田式生產能否實踐，關鍵在於是否具有「持續力」、「貫徹力」。某位引進豐田式生產的企業領導人說過這麼一句話：「開始要花十年，養成習慣也要十年。一旦開始，就要做到底，不能回頭。」

缺乏「貫徹到底的意志」，絕對無法將豐田式生產轉化為自家產物。因此只為了「別的公司都在實行，我們也來試試看」，這種公司最好一開始就別碰豐田式生產。

本章重點回顧

了解豐田式生產並非什麼難事，但實踐起來，卻是出乎意料地困難。原因在於，它不只是手段、手法，實行的企業必須徹底改變「對事物的看法、思維模式」。而更重要的是，領導人如果無法做為表率，親身參與改革，就無法期待真正的成功。不管領導人或幕僚人員，都不能只擔任知識的引介者，而必須是實踐者。能否運用智慧，力行實踐，是決定豐田式生產能否落實的關鍵因素。

問題思考

1 企業領導人、幕僚人員、生產現場各自扮演的角色為何？

2 您認為企業應該放棄內製，積極擴大外包業務的範圍嗎？

第4章

人的智慧是無限的

1 製造產品就是培養人才

運用智慧從事產品製造，免受景氣干擾又有活力

在產品製造上勇於挑戰自我的人，無所謂景氣好壞

從知識的角度理解豐田式生產的人，對於努力排除浪費的工作情形，以及日復一日從事改善之類的詞句，往往只聯想到：「會不會太綁手綁腳？」「太辛苦了吧！」其實，實際走訪引進豐田式生產的企業，他們根本沒有這樣的感覺。不過，還是有人實際參觀生產線之後，仍然以無法置信的口氣對那邊的員工說：「你們真厲害，竟然能做到這樣！」

被人這麼一問，現場的作業員反而愣住了：「這哪有什麼厲害？我們覺得很平常啊。」在產品製造的領域，勇於挑戰自我的人，不但不受景氣波動所影響，而且還活力充沛，樂在其中。

不過，實行豐田式生產已上軌道的企業，認為是理所當然的事，對於即將要引進的企業來說，卻是正要開始面對層層的考驗。有些企業運行之初，頗見成效，可惜雷聲大雨點小，

最後還是不了了之；有些則是在不知不覺中退回了原點。

改變對事物的看法、思維模式不是件容易的事

許多成功引進豐田式生產的企業，都異口同聲提到改變看法、思維模式的困難。舉例來說，十五年來，工作時習慣把鐵鎚放在身旁的人，突然要叫他改為「掛在身上」，就算可以大幅提高工作效率，他還是會有抗拒心理。一直以來，一天生產二輛汽車的人，儘管工作的改善程度再大，要他一天生產八輛車，仍然只感覺到勞動強度的增加。而「庫存是不必要的」，這句話聽在擅長庫存管理的人耳裡，還是等同於否定他的存在價值。

對豐田式生產而言，方法其實不是什麼大問題。因為目前是個市場不斷變動，前製程、後製程也經常改變的時代，製造方法當然也得跟著變。一旦製造方法改變，不同的浪費也會應運而生，這時如果食古不化，堅持「豐田式生產都是這樣做的」，將面臨被時代淘汰的命運。不斷力求改變也是豐田式生產的傲人之處。

相反的，豐田也有絕對不容改變的想法，那就是「以好的思維製造物美價廉的產品」。如何能辦到呢？要不斷找出浪費所在、釐清問題的真正原因，並運用生產現場的智慧，即刻

著手解決。只會謹守指示乖乖照辦的人，沒有存在的必要。員工不僅要付出勞力，更要用腦做事，做事方法倒還是其次，更要緊的是，對於事物的思維模式、意識。

要把「製造產品就是培養人才」視為理所當然

「製造產品就是培養人才」，一語帶出豐田式生產的精神。

石田退三認為「企業的根本在於人」。「人才之於企業」有多重要？「人才必須好好培養、傳承。任何企業想要善用人才，厚實人才基礎，都必須以『養才』為基本」（出自《商魂八十年》）。這段話清楚表達了他的看法。

現在有許多企業經營者，不管對於產品製造、培養人才都抱著懷疑的態度。他們認為企業不需要辛辛苦苦自己投入生產，只要從事低價買入、轉手賣出的事業就好。更有人毫不避諱地排除人的必要性，明確表示：「企業無須擔負僱用勞工的責任。」

不過，以缺乏資源的日本來說，產品製造幾乎可說是唯一的資源了。如果還要藐視產品製造的話，那麼，到底該做什麼呢？

對於豐田式生產的代名詞——「改善」，大野耐一認為是「日本特有的智慧結晶」，他不斷強調在產品製造的領域，智慧有多重要：**「如果企業不具備獨樹一格的智慧，無法在競爭中脫穎而出」、「唯有在困難中激發智慧而創造出來的產品，才能夠成為世界級商品」**。

總而言之，最重要的事情莫過於培養「運用智慧，常把製造更好產品放在心上」的人才，培養把這個想法視為理所當然的人才。只有這樣，才能在產品製造的領域脫穎而出，事業也才能永續經營下去。

2 製造接棒區
對於正式員工、約聘員工施以差別待遇絕無好處

做好準備再上菜

「混合生產為何出了日本就不太行得通呢?因為,混合生產講求前製程的進行必須考量到後製程,例如將零組件整理齊全等,需要有顧全整體的想法,外國人不見得能夠完全體會。」

理光公司的中國工廠建廠成功後,又將日本國內的工廠參照豐田式生產而發展成「UNITECHNO式」,吸引了大批來自海外的參觀者,他們經常詢問有關「混合生產施展不開」的理由,以上就是社長神戶健二的說明。

神戶健二社長認為不僅混合生產如此,對於豐田式生產而言,「前製程供應後製程必須顧及後製程的需要」同樣是不可或缺的成功要件。

該公司對於把零件送到裝配線的作業稱為「上菜」。當接到送出零件的訊息時,除了依

據指定的時間將零件分秒不差（「剛好及時」要求既不可遲到，也不可早到）送達以外，還要把零件做好簡單的初步處理。多了這個步驟，裝配工作就可做得更好。儘管這麼做對於該製程本身的工作成效也有連帶提升的作用，不過，如果沒有顧及後製程的想法，那麼上述改善就無從產生。這在以設備為中心的產品製造來說，是不可能發生的。

將物品當作接力棒交出去

豐田式生產強調團隊合作。

豐田對於提出改善方案的單位，傾向以小組為單位而不鼓勵以個人名義提出。因為一般來說，整天忙於工作的人，就算想要再加把勁貢獻智慧，也往往力不從心。有些提案者，一提就是五、六件；而沒有提案的人，則是連一件也提不出。況且，出於個人構想的提案，通常都只有概略的輪廓而已。

相對於此，如果一個小組當中，每個成員都提供一點小小的想法，而由組長總結起來，則可以形成最有效的改善工作。對於好的改善提案，最好以小組為單位給予獎勵，讓每位成員都能獲得相同的獎金。那麼，原本不太提供意見的人，也會慢慢開始產生「我也要提供點子」的想法。小小的想法如果能得到重視，大家會養成積極提案的習慣。

豐田在工作上也要求把物品（例如零件）當作接力棒交給下一棒。當後製程有所延遲的時候，要協助負責後段工作的人把他的工作接過去。

從田徑場上的接力賽可以知道，只要棒次的交接處理得好，總成績很可能優於四個人的個別成績加總。集合程度有別的人一起做事時，就要有接棒區的設計。

如果大家的動作，都能在顧及下一個製程的情況下進行，那麼產品製造的能力一定會更上一層樓，同時發揮超越工時的成效。

在心中形成接棒區

近來，大家對於顧及後續製程、接棒區的想法似乎日趨淡薄。這與企業紛紛將業務發外包不無關係。有些企業一味要求承包商配合己方要求，而不改進自己的作業方式；有些則是在正式員工與約聘員工之間製造差別待遇，要求約聘員工只要乖乖聽命行事就好。這樣是錯的。理光的社長神戶健二，不遺餘力去打破兩者之間的藩籬，他的做法包括「要求約聘員工一起參加早會，所給予的提案獎勵完全比照正式員工，也同樣採用職業技能訓練表進行考核，並且同樣給予培育成多能工的機會」。

真正好的工作績效，不在於某個單一個人，或是某一部門有特別突出的表現，而在於從前段到後段的各個製程之間，建立起一以貫之的機制。

知識導向的人往往有強烈的門戶之見，根本不去管其他製程的狀況。可是，完全不近人情，一切只憑道理行事，有時候是行不通的。工作的時候還是應該在心中建立起「接棒區」的概念才好。

3 創意巧思不能單靠靈感

唯有結合所有員工的創意巧思，才能產生爆發力

別讓創意巧思埋沒在例行公事當中

大野耐一認為：「創意巧思不是一時靈感而是科學，只要有毅力，誰都能擁有。」

談到創意巧思，人往往會想得太複雜。不是天馬行空的亂想，就是想提出石破天驚的新點子，這樣一來，反而擠不出任何想法，想到的點子也往往過於突兀，難以實現。

產品製造領域的發明往往源自日常生活。不管是松下幸之助，或本田宗一郎，他們都是在不斷改善現有產品中，完成雙插座、摩托車，也奠定了企業的成功基礎。

放眼市面上的產品，有些不禁令人感覺「這有什麼？我也做得到啊……」。儘管如此，大多數的人都只是日復一日埋首於例行公事，根本無暇多想。生活當中處處都是創意巧思的源頭、機會，重要的是你如何看待它，以及把它付諸實行的強烈意念。

以事實為基礎，反覆詢問「為什麼」的當中，創意巧思就會開花結果

知道卻無法做到，是人的通病。

正因如此，大野耐一有所謂**「人不遇挫折，不長智慧」**的說法，要激發一個人的智慧，需要經歷挫折、阻礙的過程。關於如何產生智慧，他給了一個誰都做得到的答案：**「遭遇挫折時，要以事實為基礎，反覆去詢問『為什麼』，了不起的創意巧思會隨著這個過程慢慢成形。」**

現在是技術革新的時代，而且資訊能在一瞬間傳遍全世界各個角落。在這種情況下，如果說全球各地每天都在上演技術革新的戲碼，一點也不為過。面對如此無時無刻不在進行的技術演變，許多人往往會有望而興嘆的無力感。

有位企業經營者曾經說過：「遲早會被時代超越。」的確，當今時代無論企業或個人，如果不能即時因應瞬息萬變的時代變化，都無法擺脫慘遭時代淘汰的陰影。

因此，大家往往在不知不覺中陷入新技術的競速賽局當中。然而，一味追求新技術並不代表能掌握真正的競爭力。

不要因為超速度的變化而自亂陣腳

產品製造領域講究與眾不同的智慧，若非如此，無法打敗競爭對手脫穎而出。所謂與眾不同的智慧，不能單靠某位天才型的人物，而是憑藉踏踏實實、一步一腳印的堅強耐力面對問題，在不斷重複思考「為什麼」的過程中培養出來的「高度技術與創意巧思的結合」。這才能創造真正的競爭力。

妄想在一夕之間擁有高度技術，反而會弄巧成拙。把創意巧思與憑空而來的靈感劃上等號，這是錯誤的想法。

有些天馬行空的點子，會在下班後做其他事情的時候產生。有些人因此主張，不要整天埋頭苦幹工作。其實，詳細了解後會發現，他們腦中浮現這些點子之前往往都已歷經絞盡腦汁的階段，只不過苦於無法突破，沒想到暫時放下工作後，竟然豁然開朗找到出路。如果沒有不斷發現問題的想法，以及凡事透徹思考的習慣，創意巧思不可能會憑空降臨。

曾在某一年度的九百四十五項科學技術廳長官賞當中，愛新精機風光地拿下其中七十五個獎項，針對「點子從何而來」的問題，他們表示幾乎都是在下班後產生。比方說，有位員工是從瀝乾拉麵的器具找到靈感，還有員工則從立體停車場的驅動方式找到靈感。只要具備隨時發現問題的想法，就算在下班後的私人時間，也會找到能在工作中派上用場的好點子。一味埋頭苦幹，不是好辦法。

該公司的前副社長白鳥進治（現任愛新輕金屬社長）有感而發地說：「現場的創意巧思是本公司的命脈所繫，今天的成績，是公司上下所有員工長期努力的成果。」

體認「瞬息萬變」的事實的確很重要，不過千萬別因此亂了陣腳。不要存有一步登天的想法，先好好認清眼前的事實、問題，不斷重複問「為什麼」，以此導引創意巧思的產生，這樣一定能找到創新的路。

4 活化公司的自律神經

基層員工所代表的神經組織不加以活化，自律神經無法正常運作

死抱著原訂計畫，遲早會發生問題

世事多變，無法照原先構想去實行計畫的情況所在多有。儘管如此，往往有許多人以「應該按原訂計畫進行」、「已經箭在弦上，現在再改變豈不讓人看笑話」之類的理由，明知不可卻又勉強去做。

年初的生產計畫雖是依據市場需求的預測而決定的，然而，市場隨時都在變動。無論需求的增減、暢銷單品的改變都是稀鬆平常的事。在這種情況下，死守原生產計畫繼續進行生產的話，幾個月下來，當然會產生庫存激增，必須設法去化的壓力。為了清理庫存，廠商往往不得不忍痛虧本殺出，結果商品價值就毀在自己手中。

大型店面的佈點、工廠的設置也不乏同樣的例子。許多經營者明知當初計畫已經不符合

現況了，就算去做，成功機會也不大，卻還是為了顧及面子而勉強執行，結果大多還是以失敗收場。

「不要被過去的成功經驗沖昏頭」，有些經營者常把這句話掛在嘴上，另一方面，卻又老是在會議上提起當年勇，這種公司尤其常發生明知不可而為之的情況。

「洞燭市場先機」比登天還難

發現原先計畫已不可行的是誰？

物流業通常從店面掌握市場的脈動。從每天進出客人購物的些微變化，就可了解消費者需要什麼；也可看出自家店面獲得消費者認同的程度。不過，真正的問題在於應變能力。如果已經嗅出不尋常的變化，卻仍然置之不理，繼續依總公司的指示行事，那麼遲早數字還是會反映事實的變化。只有彈性因應市場變化的店才能獲得消費者認同；無法臨機應變的店遲早會被淘汰。這是個盛衰榮枯兩極化的世界。

在產品製造的領域也是一樣。當市場已開始轉變，企業卻無視市場變化而持續原訂生產計畫，那麼業績一定會受到影響。而自己公司的產品製造有待檢討，卻把問題歸咎於景氣不佳，那只能說是無藥可救。

豐田式生產的重點，在於產品製造必須因應市場變化，呼應消費者心聲。幕僚單位雖然想盡辦法要洞燭市場之先機，然而要精準命中，幾乎是不可能。既然未來市場如此不可測，就應該努力讓生產計畫能夠隨著每天的需求變化而調整。

以人為中心，是自律神經正常運作的基本要件

想要妥善因應需求變化，生產線必須擁有隨時可應付計畫變更的機制。而且，計畫變更的單位，不是以月、以期為單位，而是以天為單位。假設原先計畫生產四十件A產品、六十件B產品，然而接單情況卻是相反，諸如此類的狀況，生產單位必須能夠應付自如。

生產單位能夠自行進行生產線的微調，這在豐田式生產裡稱為「自律神經運作正常」。相反的，任何小小的計畫變更都得依總公司指示，或是得依簽呈、傳票等表單作業層層上報的話，絕對無法因應變化。結果不是錯失大筆生意，就是造成無法彌補的損失。能夠因應變化於無形的自律神經組織，其重要性可見一斑。

自律神經如果要正常運作，還需要許多環節的配合，其中最重要的莫過於員工的意識。

尤其生產線作業員如果不好好用腦做事的話，這些都是奢談。

依賴自動化機械的生產方式，不斷變更計畫會造成生產線大亂。只有以人為中心的產品製造，才能建構即時反應市場變化的生產機制。唯有人，才能察覺變化，去除了「人」，因應變化就形同空談。

5 無能乃因「腦力」貧乏所致

景氣好壞不是個人所能左右，頭腦不靈光則要自己解決

加起來等於9的數字組合豈止千百種？

□＋□＝9

2＋□＝9

日本與外國教科書的差異何在？有一家教育機構以上述算式做為回答。我不曾深入研究，不很了解他們的真意，不過個人覺得□＋□＝9這個算式，真的很耐人尋味。2＋□＝9的話，答案只能是7，可是□＋□＝9，就可能有各種不同的解答。除了1和8、2和7、3和6、4和5的整數組合以外，還可以有無數個包含小數、分數的可能組合。我想，這個算式應該是在傳遞一個訊息吧：要得到「9」這個答案，可用的方法有很多。以上解釋雖純屬個人揣測，這個問題還是令我佩服不已。

如果「↓」與物的流動不能連成一氣，只會造成混亂

產品製造的世界，也有同樣情況。

就拿訂購零件的訊息傳遞來說吧。由某人出面，直接把訂購單交給對方，這是一個方法；有些人會選擇打電話下單。除此以外，還可以利用傳真方式遞送訂單、利用看板方式進行……。如果下訂單的一方為A，接受訂單的為B，那麼以流程圖來表示的話，結果全都是「A↓B」，可是這個「↓」當中，其實隱含了各式各樣的可能。

工程的進行與物流的情形道理也完全相同。從圖表看來，區區一個「↓」符號經由不同的選擇，可能產生完全不同的結果。尤其，如果選擇的方式在訊息與物的流動上缺乏連動性，那麼只會使成本一路飆升。

資訊科技當道的此刻，順勢進行電腦化固然不是壞事，可是有些企業反而因此造成物品流動的混亂、成本的上揚。這只能說他們不懂得選擇合用的「↓」。這是不幸的例子。

許多人認為既然要資訊化，就應該除此之外不作他想，徹頭徹尾做到底。之前我提到「為達同一個目的，有無數方法可以選擇」，重點是要靠自己的頭腦獨力去判斷，哪一個是公司的最佳選擇。他人意見可以參考，其他公司的做法也不妨研究，不過最後還是要靠自己想

清楚，作出結論。

失敗就是因為不好好動腦筋去想，一味仿效他人所導致的結果。別把問題推給景氣，如果不能隨時保持頭腦的靈敏清晰，問題不會獲得解決。

透徹思考與付諸實行

所謂的「無能」，其實只是「用腦能力」不足。

尤其位居高層的人，任務不外就是「透徹思考與付諸實行」。如果還覺得「缺乏用腦能力」的話，不如趁早鞠躬下台。

有一次偶然在電視上看到，有人努力在推動搭建茅草屋頂的事業。過去有很長一段時間除了岐阜縣白川鄉以外，幾乎已看不到茅草屋頂的存在，經過十年的嘗試錯誤期之後，茅草屋頂又慢慢開始重現江湖。

其間他們碰到的三大問題，分別是材料、人才、成本。材料方面所需的良質茅草，已經在岩手縣北上川的河床邊栽種成功，獲得解決。技藝的傳承則由老師傅訓練後進，以一年培養一位年輕師傅的速度進行。而最難克服的成本問題，則結合已經普及化的歐洲技術，得以大幅降低成本。

結果，許多新的需求陸陸續續浮現，例如原本已捨棄茅草屋頂而選擇洋鐵皮屋頂的寺廟，以及原本因為茅草屋頂過於昂貴而望之卻步的蕎麥麵店家，紛紛回過頭來，下訂單準備改用茅草屋頂。這也是透徹思考，付諸實行的最佳例證。

產品製造的領域，也往往因為熟練工匠年事漸高，技藝傳承難以為繼；或是被國外產品取代原先在日本國內的生產。可是，事情真的是這樣嗎？

從挫折當中運用智慧創造出來的產品，才能通行全世界。要跳脫既有觀念的框架，不隨波逐流，首先要讓腦子進行透徹的思考。抱怨自己先天不良之前，更重要的是以自己的智慧，發展具有特色的產品製造，走出屬於自己的路。

本章重點回顧

總公司一聲令下，自己所屬的店、所屬的部門就不加思索，完全依照指示去進行工作，也不去注意市場有任何風吹草動，消費者有什麼改變。就算察覺變化，也不敢違背公司政策，絕不做任何自發性的動作。如果員工做事這麼缺乏自律神經的話，公司遲早會出問題。只有人，才能察覺變化，也只有人，才能彈性因應變化。我始終相信人有無限的潛能。

問題思考

1 如何有效掌握市場動向、消費者變化？

2 一旦決定任何計畫，就應該執行到底，或是一改再改也無妨？

第5章

高度文化塑造出的「日本人的智慧」

1 不只是「去上班」，更要「帶腦袋去上班」

不怕後有追兵，只要隨時準備好向前衝

值得做、值得努力的工作

「只是來上班，無法進行改善工作。」

愛新精機的前副社長白鳥進治（現任愛新輕金屬社長）曾經這麼說。

製造現場的工作，常常就是這麼單調。如果要你日復一日不斷重複鎖螺絲的動作，怎能不膩？豐田有一家工廠，為了避免這種讓工人不知自己在做什麼的情況，而採用能明確說明工作內容的做法：例如「儀表面板由我負責」。愛新精機也是如此，除了要讓每位員工都是多能工，更要透過身兼三職的方式，讓員工無論製造床架、免治馬桶、空調設備，都能一手包辦。

每個員工目前擁有什麼技能，能負責怎樣的工作，從「職業技能訓練表」即可一目了然。從「職業技能訓練表」也可看出，每個人接下來的努力目標。

總務相關工作的職業技能訓練表

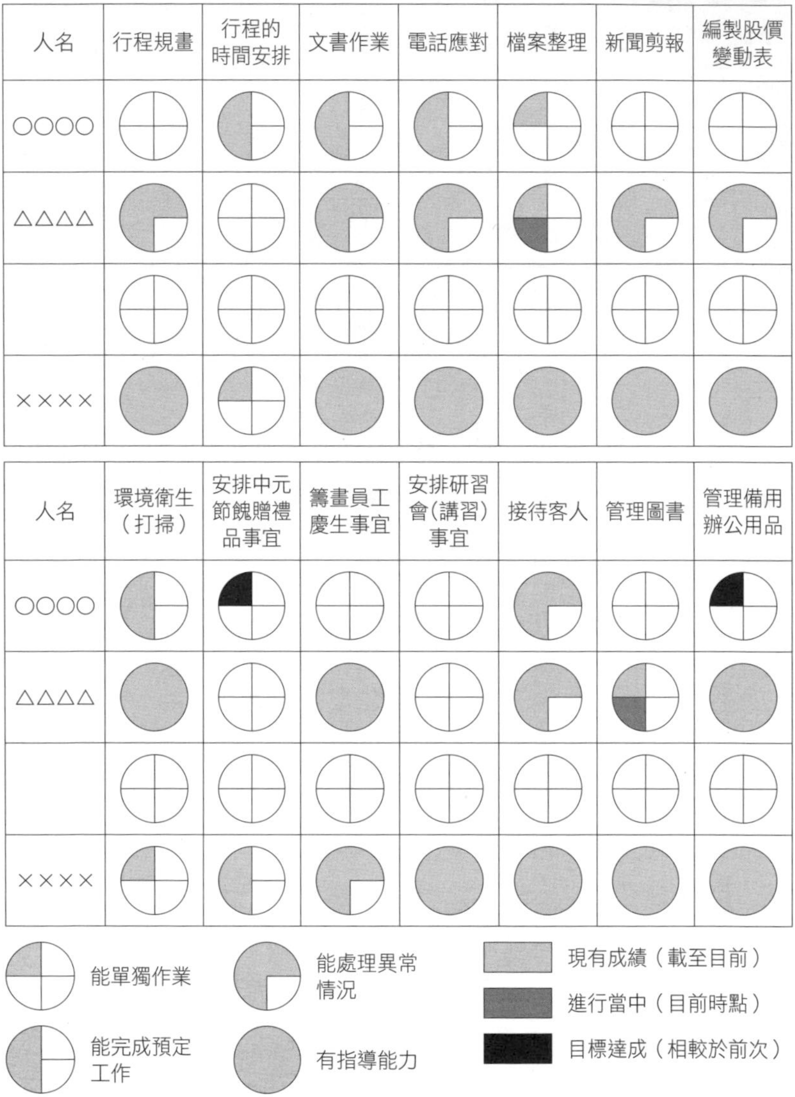

＊每二個月重新評估一次，每年進行六次考核。（資料來源：Cultivating Management）

目標明確，可以使工作成為值得做、值得努力的事。不過，豐田式生產不只是這樣而已。

朝百分之百、貨真價實的工作邁進

「只要辦好主管吩咐的事情就好」，光這樣是行不通的。

工作的進行方式，要依照「標準作業」的規定。嚴格遵守「標準作業」之餘，更要去思考「如何能讓工作做得更好」。

假設某項工作需要花費二十三分鐘。如果把工作分為「沒有附加價值的工作」以及「能提高附加價值的、貨真價實的工作」這兩種的話，那麼貨真價實的工作占了十七分鐘，相當於整件工作的七三％。如何朝百分之百的目標前進，這是員工要好好思考的問題。

所謂貨真價實的工作，以「釘釘子」的工作來說，「敲打的時間」就屬於貨真價實的工作，而「伸手拿鐵鎚的時間」就不算。如果以機器代為執行釘釘子的工作，只會增加成本，也不能算是改善。因此，如何縮短其餘的六分鐘，才是改善工作的重點。

每個小組像這樣先抓住重點，接著就能對症下藥進行改善。小組成員當中，也有不少具備電機、焊接類專業證照的人，可以自行動手修改機器、改寫標準作業（當然要在得到許可的前提下進行）。

豐田式生產強調要把問題清楚攤開在員工面前，任何一點蛛絲馬跡的發現，都不能視而不見。給予員工刺激之餘，更尊重他們的「思考空間」。員工不能只是「去上班」，更得要「帶腦袋去上班」才行。「認同用腦工作的意義，並能感受用腦的喜悅」，培養這種員工是豐田式生產的目標。

在源源不絕的改善案帶領下一步步前進

「豐田式生產尚未發展完成」。如果豐田式生產是一部分幕僚所構思出來的體系，那麼總有一天會走到極限。豐田式生產之所以能夠無限發展，原因在於它是由生產現場的每一位員工參與提案，由大量的改善案帶領公司不斷進步的。

理光公司的社長神戶健二曾經說過：「本公司的工廠也可以對其他同業開放參觀。就算被偷師，我們也有信心已經又朝前邁進了一步。」可見，豐田式生產的產品製造是如此變化無窮，而且變化並非來自向外取經。根據生產現場每位員工的提案、發現而產生的變化，與向外拜師求來的當然大不相同，擁有的力量更為強大。

目前這個時代，仰賴外來的手段、手法無法確保企業在面對競爭時能立於不敗之地。唯有根植於生產現場的手段、手法才能塑造強大的競爭力。因此，不能只管是否「去上班」，更應該問：「今天是不是也帶腦袋去上班？」、「今天也去進行改善嗎？」如何塑造讓員工帶著愉快心情來上班的企業文化，是最重要的一環。

2 聽命行事反而挨罵

公司組織要成為智慧的結晶體，切忌教太多

運用智慧讓事情做得更好

「你只會聽命行事那怎麼成？」

拙著《豐田式育才與造物》的出版紀念酒會中，豐田的張富士夫社長提到大野耐一先生的一個小故事：

大野耐一常於晚間下指示：「這裡不好，照這樣改一改。」通常，晚上得到的指示，會於隔天早上開始執行。可是他往往前一天晚上才下指示，隔天一大早就跑來看結果。迫於時間的壓力，我總是先按照他的指示去改善。

結果往往惹來一頓罵：「你幹嘛照我的話做？」雖然被罵得一頭霧水，回頭想想，他是要藉此激勵我：「不要只是聽命行事，要運用自己的智慧把事情處理得更好。」

同樣地，最佳改善方案會隨情況變化而改變，我也曾經因為忽略這一點，一味遵照上級

指示去做而挨了罵：「你到底有沒有動腦筋想，當時情況下該怎麼做最適合？」

大野耐一對於聽命行事、一味遵照指示的做事方法，一點也不寬待。

切忌教太多

指導豐田式生產的人，什麼類型都有。

有些是跟在身旁亦步亦趨，像帶小孩一樣教得非常仔細。這對受教的一方來說，當然是求之不得，不過，在大野耐一看來，恐怕是教過頭了吧。

我擔任生產技術部長的時候，也常常被他唸：「不要像在上菜一樣，一道道一直往桌上擺，要好好運用生產現場的智慧，讓大家一起集思廣益。」

大野耐一的想法是，做事不能只靠聽命行事，而要運用思考能力，也就是運用「智慧」去做。他不認為思考是彼得．杜拉克之類的「知識工作者」，也就是幕僚的專屬工作，他要求每位員工都要「動腦工作」，並努力去塑造「動腦的環境」同時加以實行。

由此可看出他對「人類擁有無窮智慧」，以及企業成長是由眾人智慧匯流而成的信念。

豐田能有今日，就是仰賴五十年來，上至企業領導人下至基層員工的每一個人，都運用智慧日復一日從事改善工作所累積下來的成果。

隨時用腦面對自己的工作

現在的上班族，常被看成一個口令一個動作的所謂「等待指示的族群」，也常被批評「有能力完成交辦事項，不過，僅止於此」。另一方面，也有不少上班族不滿意自己的工作，認為「能力沒有得到適當的評價」、「想做些更值得做的事情」。

員工的「思考能力」無法充分發揮，公司多少要負點責任；話說回來，員工也該檢討自己，是不是也有一些得過且過的心態，認為只要做好交辦事項就好？這些情況對企業或員工來說，都是一大損失。

在這個沒有範本的時代，光靠知識或是主管指示就想創新，根本是天方夜譚。一定要設法建立一個會運用自己的智慧、每天求進步的組織。

如果連交辦的事情都做不好，當然什麼都不用說了；不過，只會遵照指令辦事也是不及格。對於指示，應該永遠抱著「怎麼樣可以做得更好」的心態去面對。

3 知識和智慧有什麼區別？

知識可以用錢買到，智慧要靠時間累積，是長期改善的結果

換裝模具的方法用錢也買不到

為順應快速變化的市場，理所當然應該採用多樣少量的生產方式。可是，使用大型機械生產往往會拉長換裝模具的時間，使得多樣少量生產的成本居高不下。

我曾經問過某家公司的經營者：「你們都採用這種大型機械，應該很傷腦筋吧？」對方回答：「盡可能把同類型產品集中生產以為因應。」不過，賣得掉的未必都是同類型產品，往往還是造成庫存的堆積。

現在不僅講究多樣少量生產，有些產品甚至得做到單件流生產，為客人量身訂做的地步，因此，如何縮短換裝模具的時間是一大考驗。可是，「換裝模具」的方法卻是無處可

買，只能靠自己的智慧。

滿足自己需求的實驗設備也沒得買

中村修二先生也曾說過類似的話。對實驗設備要求極高的他，就是靠著不斷的改進才能成功開發出震驚世人的發光二極體。

他的著作中有這麼一段話：「光是把市面上現成的實驗設備買來用，不會了解實驗設備真正的意義與用處所在。更何況，實驗一旦失敗，對於實驗設備本身是否有瑕疵，恐怕也檢討不出個所以然。更正確、更好用的設備，能夠幫助自己得到研究成果的設備，一定不會是市面上的現成品。」（引自《思考力、耐力，我的方法》）

採行豐田式生產的企業，也根本不會有現成機械買來就用的情況。比方說機器的自動停止裝置等等，都是經過一而再再而三的改善，才能成為不產生浪費、又好操作的機械。而縮短換裝模具時間、提高機械「可動率」的種種努力，也都在這個過程中進行。

如果買來的機械不做任何改善，光是依照說明書去使用的話，肯定會挨大野耐一的一頓排頭。他認為：「**沒有發展出一套公司特有的職場智慧，要拿什麼去跟人競爭？**」

「用智慧，不用錢」是跨入豐田式生產的第一步。

如何激發用錢買不到的智慧，如何讓它具體成形？

首先要釐清知識與智慧的根本差異。

買進市面上的機械來使用，只要有錢就辦得到；從文獻中找出實驗的進行方式，難不倒頭腦好的人。這些都屬於知識的範疇。不過，只有這樣的話，機械不可能發揮說明書所列功能以外的更高效能，而文獻也不會提供你任何尚未被提出的新發現。

要從群雄並起的亂集團中殺出，在大家都用同樣機械的情況下，非比同業發揮更高效能不可。尤其，要懂得把換裝模具所需時間壓縮到極限，來達成單件流生產。

說是這麼說，該如何實踐呢？光想而不動手做的話，一切只是空談。只有結合公司上下的智慧，反覆嘗試錯誤才有意義。而重點在於激發大家的智慧，並且把智慧孕育成形的know how。

大野耐一有句名言：「人愈是受到挫折，愈能激發智慧。」他不怕碰到狀況，當發生問題時，就把生產線停下來；發生瑕疵，希望讓每個人都看得到。用這種方式，去塑造一個激發智慧的環境。其次，改善提案的推行不以個人為單位，而以小組為單位，讓源於生產現場的各個點子更能有效地具體成形。

在資訊取得容易，錢不是問題的時代，無論企業或個人都能無限制地取得知識。可是，如果想要打敗競爭對手，開創新局，那麼非得靠智慧來幫知識加持不可。智慧人人都有，就看你如何運用。

4 塑造產生智慧的情境

愈是遭遇困難，知識與靈感的結合愈能轉為智慧

碰到挫折才發現早就犯了錯

挫折往往是激發智慧的動力。有時候人在工作上出了很大的差錯，或是做了旁人看來不對勁的事，卻因為沒有發生任何異常，也就一直渾然不覺。

對當事人而言，當下狀況一切正常，感覺也很好，不會有任何想要改變現狀的想法。對照無時無刻不在更新的時代，而且競爭對手每分每秒都在求進步的現實來說，這不只是停頓而已，更形同退步。這類例子幾乎都是過不了多久，就開始感覺使不上力，可是即使認清「非變不可」的事實，卻往往為時已晚。

產品製造也是一樣，只要有足夠的人力、最新設備、足夠的購料資金，這根本是件再簡單不過的事。即便在生產過程中發生浪費，導致些許庫存增加，只要東西賣得出去，資金的運用並不會發生立即的困難，也不會有人特意去檢討「目前的生產方式是否合宜」。

資源匱乏下的生產之道

要人沒人，要設備沒設備，要材料沒材料，要錢沒錢，在這種狀況下接到生產指令時，該如何面對？

丟下一句「沒辦法」，爽快認輸倒也是個辦法。不過，即使面對資源如此匱乏的情況，仍然想從事生產，那麼只有一條路可走——拼命動腦解決。「找個有兩把刷子的人進來吧」，這種奢求妄想也趁早放棄，只要好好想想如何把公司現有人員做最好的安排。新聘員工有困難，那就把作業程序改到工時人員也能上手的程度；添購新設備有困難，那就動腦想想怎樣把舊機器改得更好用；資金不足，那就購料從嚴，絕不多買，以免做些賣不掉的產品來堆滿倉庫。總之，要竭盡所能杜絕所有浪費。

這種方式看來綁手綁腳，怎麼能期待有所作為？其實被迫動腦解決的過程，可以激發出真正的競爭力，好的產品也會隨之誕生。

製造問題來創造激發智慧的情境

在過去資源極度匱乏的年代也就罷了，現代的企業與員工都習於資源充裕的環境，要他們陷自己於困境當中談何容易？製造困境本身並不難，問題是有誰願意自己把自己逼到那種地步？因此，只好有人出手來製造問題，讓解決問題變成激發智慧的引子。

要員工做事，不要點明所有的步驟，必須保留讓他們獨立思考的空間。豐田式生產中，也有所謂的「自働化二十四步驟」，當然，照表操課是完成工作最輕鬆容易的做法。可是，這樣一來員工往往知其然而不知其所以然，只換來不動腦的機械式操作。

這樣無法讓員工產生成就感。

反之，如果從第一個步驟開始，就讓生產現場自行動腦思考該如何有效進行，那麼即使會多花點時間，但是經過自己思考與設計的結果，員工會更加了解整個架構，也能充分了解改善的必要性。這樣做起事來既有成就感，工作意願也會跟著提高。不要只是把員工當作傀儡來操弄，讓每一個人都能在工作上發揮智慧，是企業領導人、主管階層責無旁貸的要務。

工作當前，主管與屬下要以智慧論高下。

同時，領導人要有居安思危的意識，尤其是現在這個時代。千萬不要隨便把問題歸咎於景氣、股市行情，只要有憑一己智慧解決困難的決心，一定能激發智慧，走出困境迎向光明的未來。

5 凡事砸錢解決的風潮
企業競爭是資金戰也是腦力戰

把人類智慧安裝在機械上

「把人類智慧安裝在機械上」是大野耐一的名言之一。

所謂的「自働化機械」，是指機械具有自行「判別好壞」的裝置，一旦異常狀況發生或不良品產生時，機械便會自動停機，而不是靠一旁的作業員來停止機械。市面上所有現成的機械，都找不到這樣的自動停機功能。而豐田式生產之下，機械無論新舊，全部都經由生產現場的改善，附加了自動停機的功能。因此豐田式生產的機械是「有人字旁的自働機械」，是「安裝了人類智慧的機械」。用意在於徹底消除浪費，把機械的「動作化為工作」。

關於機械與智慧的關係，大野耐一曾說：**「如果不在設備上添加一點與眾不同的智慧，別想打敗競爭對手。」**

未添加職場智慧的機械贏不了對手

以下是當初豐田規模還小，考慮引進美國製機械時所經歷的狀況：

「豐田與美國的汽車業者相較之下，美國業者是以國產機械生產，而豐田則必須額外花費船運等相關費用來引進美國的機械。當兩國業者使用相同的機械時，假設使用方法相同，由於豐田的機械購置成本高出許多，價格很難壓低。如果無論如何都要降低成本，那麼只能從勞動成本下手。這麼一來，日本薪資水準的提升空間就會遭到壓縮。

假設日本不介意薪資水準一直低於美國也就罷了。如果不是，那麼要打贏使用相同機械的美國對手，必須努力將美國用三個工人做的事，由一個人來獨力完成。

買進來的機械若只是按說明書操作的話，不論再過多久，運轉績效也不會高出其他廠多少。可是，如果把「職場的智慧」一個一個加到機械上，那麼原本需要三個人的工作，可以改由二個人負責，進而二人份的工作只要一個人就能獨力完成。要戰勝競爭對手，就必須把公司特有的職場智慧、生產現場的智慧加到機械上。勝負之別就在於智慧的高低。」（引自《工廠管理》）

買進來的機械按照說明書操作，學會說明書所列的各項功能，這是最基本的要求。只做到這種程度的話，肯定會被大野耐一痛罵一頓。對於一味按表操課，沒有添加任何職場智慧的操作方式，他一點也不留情面。

最先進的機械上了機油擺在一旁裝飾

「改善的效果是金錢與智慧的加總」。許多人想著手改善，卻不肯動腦筋想，往往就以花錢來解決問題。可是，不管花再多錢，不動腦的改善，終究不會比其他競爭對手強太多。想要一舉擺脫競爭對手，還是得多動動腦才行。

現代人可能因為從小習慣了不虞匱乏，往往在動腦激發智慧之前，就先想到花錢來解決問題。生產現場的改善，也總是動輒訴諸採購：「那台機械可以解決這項問題，請准予採購。」這樣一來，智慧就沒有機會派上用場。

品質號稱全世界第一的豐田汽車，其實工廠內部未必清一色都是最先進的設備，放眼所見多只是些經過生產線員工不斷精益求精、反覆修改過的機械。未經公司以智慧加持過的最新機器，儘管外型唬人，上了機油之後，還是只有晾在一旁當裝飾品的份。

要戰勝競爭對手，不能只是跟大家一樣。「只有智慧的累積才能幫助自己愈戰愈強」，這句話此刻聽來更值得再三回味。

本章重點回顧

依據文獻記載進行實驗、按照說明書操作機械，如果產品製造就是這麼一回事的話，那誰不會？光憑這樣，不可能打敗對手。緊咬對手，有樣學樣也不可能成為「無可取代的only one企業」。要動腦去激發自己特有的智慧，智慧的累積才是從事競爭的利器。

問題思考

1 機械能夠依說明書指示操作無誤，且一如說明書發揮功效，這樣就能完全滿足嗎？是否曾經嘗試動手修改？

2 提案制度是否流於形式？在工作上是否已養成動腦思考的習慣？

第6章

讓問題浮上檯面，把它解決掉！

1 連問五次「為什麼」

勇於承認不良品與失敗，可刺激企業永保活力

連問五次「為什麼」

豐田式生產當問題發生時，會以最科學的態度來面對。

簡單來說，就是遵循五W一H——以五個Why釐清問題之後，最後以How來決定處理方式。

假設現在發生馬達燒壞，機械停止運轉的情況。接著就要進行以下的連環問：

1. 馬達為什麼會燒壞？　「因為負荷過大」
2. 為什麼會負荷過大？　「因為機油當中有雜質」
3. 為什麼機油裡會有雜質？　「因為沒有裝濾網」
4. 為什麼沒裝濾網？　「因為剛好送修」

5.「為什麼沒有備用的濾網？」　「因為備用品的管理規則不完善」

從五次「為什麼」的連環問當中，可以發現問題的癥結點在於必須「詳細訂定備用品的管理規則」。如果沒有經過「連問五次為什麼」來追根究柢，很可能只是修理馬達了事吧（引自《豐田生產方式》）。

連問五次「為什麼」的過程中，問題的真正原因會逐漸浮現，掌握問題的核心之後再來思考「該怎麼解決」。如果不深入追究真正原因，只以應急措施草草帶過，不久之後同樣問題還是會再度發生，這樣不能算是真正解決。「生產現場對於任何奇怪的狀況，經過連問五次『為什麼』，一定能釐清問題的真正原因。找出原因後，只要能好好想出一個釜底抽薪之計，對企業會有相當大的幫助」。這就是豐田式生產的基本概念。

將不良品攤在大家的眼前

要連問五次「為什麼」，必須讓所有的人都能在第一時間知道問題發生。生產現場發生不良品時，有些人往往會擱在一旁，結果這個訊息到了隔天才會在檢查報告中出現。

即使隔天就發現，也已經造成一天的浪費。因為只要大家不知道發生不良品，就會繼續以平常的方式運作，而不會做任何處理。這樣會錯失進步的機會，而且難保日後不會發生同樣的問題。

豐田式生產主張「將不良品攤在大家的眼前」，是基於「解決不良品原因的過程會有效帶動進步」的信念。

基本的做法是，不要把透過檢查發現不良品當成重點，而是要基於「在製程中確保品質」的前提，把隱藏在製程中的所有問題點，一個個揪出來徹底解決。

處理問題的態度決定價值高低

有些人無論對什麼事，都極力避免去徹底追究問題根源。的確，先以應急措施來處理，只要把外表修理好，事情很容易就這麼過去了。如果這種人被視為「頭腦好」、「腦筋靈活」，那就糟糕了。

反覆詢問「為什麼」來追根究柢是件吃力不討好的事。徹底釐清真相不僅花時間，也需要耐心，更何況原因未必是一環扣著一環的單純連結關係，問題往往由盤根錯節的複雜原因所造成，也可能在複雜的原因一一抽絲剝繭之後，會出現完全料想不到的結果。

常見許多嚴重的問題發生之後，探求真相的動作隨著時間過去而不了了之；有些則是當時所認定的原因，在若干年後被推翻。而絕大多數的例子，都是在真相尚未大白之前，就被迫停止繼續追查。

還有些事件爆發之後，大家才發現，如果當初發生的小狀況能夠妥善處理的話，問題也不至於擴展到今天的地步。

這些情況不只發生在產品製造的領域，無論什麼事，從頭到尾順利進行的例子畢竟是少之又少。如果什麼問題都沒發生，那麼最好是有心理準備，問題很可能被掩蓋起來了。問題發生時，企業、當事人的處理態度比什麼都重要。

2 將不良品攤在大家的眼前

沒發生問題不是因為太好，就是因為太糟

將動作化為工作的自働化

豐田式生產的重點之一就是問題發生時會立刻停止生產線。這個觀念源於豐田佐吉的「自働化」織布機。他所發明的「自働織布機」只要線斷了、用完了，機械就會立刻停止。機械本身具有判別狀況好壞的功能，可以避免產出不良品。

如果少了這項自動停止的功能，在短短時間內就會多出數十個，甚至數百個不良品，造成材料的浪費。這些都不算達到真正的工作。「將動作化為工作的自働化」這個概念如果加以廣泛應用的話，就可以訓練作業員碰到不對的情況、不良品發生的時候，會自行判斷去停止生產線。

問題發生時立刻停止生產線，並連問五次「為什麼」以釐清原因，將問題徹底解決以避免問題二度發生，經由這樣的過程去改善生產線，是豐田式生產的根本。

沒發生問題不是因為太好，就是因為太糟

作業員自行停止生產線，這在絕大多數的企業來說都可說是前所未聞。一般企業通常認為，應該想辦法不要讓生產線停擺，因此，就算不良品發生，也寧願交給事後的「檢查」，在生產線外進行「修整」。由於生產線並沒有停止，表面上看起來能率當然比較高，可是萬一不良品沒有被檢查出來，或是修整過程有遺漏，那麼不良品很可能就這麼流出市面。這一點，可說是豐田式生產與其他生產方式根本上的不同。

大野耐一曾說過：「運轉個不停的生產線不是太好，就是太糟。」在豐田式生產之下，找不到任何一個不發生問題的生產現場，因為不發生問題，代表已經充分改善了。應該是要把生產線調整到能夠隨時因應問題發生，而立即停止、進行改善的程度，最終目標是達到想停也沒有機會停的地步。

勇於揭露問題，將問題、狀況攤在大家面前，是面對問題的基本態度。只要好好解決問題，一定能打造出理想的生產線。

揭露問題需要信賴關係作基礎

許多人並非不了解揭露問題的重要性，只是說來容易做起來難。尤其，日本人常有隱匿、拖延問題的毛病。問題一旦發生，往往擔心自己成為眾矢之的而不敢提報，通常會尋求私下解決的處理方式。實際上，能如願解決問題的情況，幾乎不曾發生。

大多數的情況是，問題反而愈演愈烈以致無法收拾，甚至動搖到企業的根本。在第一時間揭露產品的不良訊息、不利消息，實在需要很大的勇氣。

某個銀行老闆曾教導屬下，萬一做錯事，千萬不要企圖隱匿，要大聲在眾人面前承認「我犯了大錯」。如此一來，雖然難逃被狠狠批判、無情檢討的命運，至少還能換來一些中肯的建議。這個例子也是在說明，將不良品攤在大家眼前的重要性。

儘管我再三強調「將不良品攤在大家眼前」，可是萬一碰到一個老闆是發生問題時，只會冷冷丟下：「我幫不了你」、「自己看著辦」之類的話，那可就沒轍了。豐田式生產最重視的，是面對問題的態度，當問題浮現時，要徹底改善問題，杜絕再次發生的可能性。要落實「將不良品攤在大家眼前」，上下的信賴關係，以及放大格局的思考都是不可或缺的。

3 到底是誰的問題？

碰到問題時事不關己的態度，將會失掉別人的信賴

沒人敢挺身而出

把問題、狀況攤開在眾人眼前的前提條件，是大家願意共同面對問題、解決問題。這不是件容易的事。有些人會企圖把問題擋下來，靠自己、自己的部門把問題解決，可是結果往往是問題愈滾愈大，甚至演變到難以收拾；有些人儘管了解問題的嚴重性，也因為擔心「被追究責任」，而拼命去掩蓋事實。

就拿某家引起集體食物中毒案的食品公司來說，工廠廠長擔心的是：「據實呈報衛生當局的話會遭到強制回收的處分，那麼，讓問題食品出廠的我將會站不住腳。」因而不敢向衛生機關呈報。該項業務的負責人，儘管擔心中毒案影響層面繼續擴大，一方面卻以「狀況未明的情況下，如果我貿然對外發言或宣布回收，社長恐怕會以原因未明之前，豈可輕舉妄動為由，怪罪於我」來辯解。而社長在得知食物中毒案案情不斷升高之後，也不願挺身而出，

只表示：「本公司各事業部門皆獨立運作，對外發言由各該事業部的負責人全權負責。」

以專家姿態放馬後砲

上述例子當中，大家為了自保，都極力避免去揭露問題，對於已發生的問題，則採取逃避的態度，一口咬定「問題不在我身上」。假如大家真的以顧客為最優先考量的話，就不應該會發生這種情況。

大野耐一常說：

「問題發生了卻不快點想出替代方案，這哪裡是在避免自己逾越權限，說穿了根本就是在規避責任罷了。」

公司辦理員工研修活動時，常見類似的狀況發生。當大家通力合作進行的事情事後失敗了，總會有人放馬後砲：「我就知道會有問題。」如果問他：「既然知道為什麼不早說，現在才來放馬後砲？」這些人通常會自我辯解說：「畢竟是大家的決議，我也不好說什麼，免得傷和氣。」

明明就是信口胡言以規避責任，竟然還擺出一副專家的姿態，說自己早知道會發生問題。這充其量不過是逃避責任與企圖自保罷了。

光提問題不想對策也無法獲得信賴

我把這種人稱為：「問題掌門人」。

「這個問題該誰負責？」問題掌門人的回答往往是：「這是影響公司甚大的大問題。」其實「問題根本就出在他自己」。這些人常扮演公司內部的評論家。

我也常聽幕僚單位抱怨：「我好不容易想了個很棒的點子，可是現場員工卻一點也不支持，能不能幫我想想辦法？」其實有些案子，根本只是幕僚人員的一廂情願，在現場員工看來不過是沒事找事，找他們麻煩罷了。有些例子則是因為過去幕僚、主管人員，曾經藉職權強行推動某個案子，在過程中彼此的信賴基礎被破壞殆盡。幕僚人員千萬要牢記，不要只是空想，要親自投入生產現場去解決問題，與現場員工合力從事改善。

負責引進豐田式生產的訓練人員，再怎麼賣力說明，效果也不如親自到現場去，好好花個一天的時間，以「新的做法」實際動手做給大家看，這比什麼都重要。也只有這樣才能讓現場員工服氣。

社會上、公司內到處可見高談闊論的評論家。但是，會構思對策並親自參與執行的人卻是少之又少。不論面對什麼事，不思考具體對策只會拼命指出問題的人，永遠無法獲得眾人的信賴。

4 要修理，而不是要修繕

不要幻想幸福的青鳥會來，要靠個人與公司的力量去解決

改善機械自己來

豐田式生產面臨機械故障或生產線異常情況發生時，只要生產現場認為有必要，可以立刻停止生產線。當示意故障發生的鈴聲一響起，監督人員也會立刻前往了解。如果問題無法自行解決，還可以馬上召集專業人員前來。不過，這裡所說的專業人員當然是指公司內部的員工。

豐田式生產經常自行改善機械，對於機械的內部構造、任何毛病都一清二楚。因此，即使不找機械供應商過來幫忙，幾乎也都可以自行處理。而且生產現場的員工，也不乏擁有電機、焊接證照的人。大家基於改善的需要以及自我提升的觀念，都積極為了取得各項證照而努力。

公司設備出問題不能完全靠廠商處理，一方面廠商未必能隨傳隨到，更重要的是，廠商

常常無法完全滿足公司的要求。不僅浪費時間，還可能因此錯失時機。

共立金屬工業的社長阪口政博雖然是文科出身，可是多年下來，親身參與改善工作讓他儼然成為專家：「大部分工具、設備的改善，都只要靠鐵材的切割與焊接就能完成。」能否自行製造所需的機械、設立生產線，並且依情況需要進行後續改善，是推展豐田式生產的一大要點。該公司當初引進豐田式生產的時候，對於暢流式生產模式所需的設備、工具的製造與專業技師資格的取得，也下了一番工夫。事事仰賴他人的話，改善終究會難以持續。

掌握真正原因，用修理化解難題

以修理機械來說，修理的方式就有很多種，不過大致可以歸類為「保全、修繕、修理」等三種。

「保全」是要將機械設備維持在完好如初的狀態，這得靠平常小心使用，勤於照顧。「機械很少自己壞掉，問題多出在被弄壞」，因此使用單位得負起預防照顧的重責大任。

嚴格來說，「修繕」與「修理」之間的差異可從這句話去推敲：「保全為宜，修繕不可，認真修理」。「修繕」是指機械故障時，把零件替換掉的應急措施，不是根本的處理。

因此，還可能會再次故障。這麼做充其量只能算是「表面上的修補」。

機械故障時，應該要徹底追究故障的原因，以避免相同原因再次發生造成生產線停止。不管生產現場如何催促，只要原因尚未釐清就不可貿然修理。掌握真正原因而化解難題，才是真正的「修理」。過去累積的修理經驗、每天例行的保全措施，以及從不間斷的改善，三者結合起來，生產線才可能達到零故障、不停運轉的目標。

不仰賴外包商，運用智慧自己動手做

許多人去豐田的工廠、或引進豐田式生產的企業參觀時，都會非常訝異，因為自己公司已經淘汰的同型機械，竟然出現在這些工廠當中，甚至還有許多看起來像傀儡戲玩偶的手工機械、工具。一時之間，參觀者對於眼前的企業竟能打敗日本國內乃至全球各地的競爭對手，都感到訝異。仔細觀察後，令他們感到吃驚的則是，儘管所有的機械看起來都不怎麼起眼，卻是個個好用。

提到高科技、資訊科技，人往往不自覺陷入一種迷思：只有引進電腦化的最新機械，才可能在產品製造的領域稱霸世界。其實，充分發揮自己智慧所打造完成的設備，才能實現真正的產品製造。至於把公司業務一項項發包出去的企業，根本連發揮智慧的機會都沒有。

從事產品製造，必須擁有充分發揮智慧獨力完成的設備。接下來，就是在查明真正原因的前提下，不斷「修理」與「改善」，如此而已。

5 檢查是一種反省

目標達成時也要檢討，否則成功經驗無法延續

接不到訂單，就是因為無法滿足客戶需求

目標未能達成時，大家都知道應該檢討失敗原因。尤其最近常聽到的理由，從過去的「泡沫經濟崩潰」，轉變為「景氣差，所以才賣不掉」、「通貨緊縮造成營收衰退」、「受到中國進口品的影響」等，這些理由看起來都與本身無關。

雖然這種檢討能否追究出真正原因實在令人懷疑，至少也算是列出了種種「無法達成」的理由。只是景氣再怎麼差，現實社會還是存在著需求，物品也還在流通。需求並沒有消失卻拿不到訂單，原因很簡單，就是因為無法滿足客戶的需求。

近來製造業有走向兩極化的趨勢。「交貨期、品質、成本」享有優勢的企業訂單應接不暇，沒有特殊賣點的企業則是接單情形每況愈下。雖然這些企業也認真檢討業績為何衰退，重點是有沒有找出真正的問題核心？

把原因歸咎於自己無法掌控的部分，不能算是真正的追究原因，當然也不可能提出什麼有效對策。如果把問題推給景氣差，那麼只要景氣一天不回溫，就只好一直等下去。

目標達成時還有人進行檢討嗎？

大野耐一常說：「就算銷售量減少好了，難道不能想辦法以提高生產力來彌補嗎？」這個想法讓他安然挺過日圓大幅升值所帶來的衝擊，也不會以景氣差做為無法達成目標的理由。他反而覺得：「與其執掌當紅的部門，不如負責業績差、逐漸走下坡的部門，因為迫切的改善壓力會讓自己工作更帶勁。」

無論目標是否達成，他認為：「檢討代表一種反省。」「目標沒有達成時，大家都知道要反省，可是目標一旦達成，幾乎就沒有人會提到反省這件事。」其實最重要的是：「目標達成時，要確實檢討達成的原因，才能運用於未來。」

這個道理其實也跟「連問五次為什麼」完全相通。

大家通常以為「連問五次為什麼」是面對問題時的處理態度。實際上，事情進展順利時也應該要比照辦理才對。

別把偶然的結果誤認為自己的實力

日本曾有過「製造業全球第一」的風光時期。

過去的日本製品的確曾經物美價廉，然而生產過程中其實隱含了許多的浪費，幸虧當時日本的勞動成本還很低，而且更重要的，當時是物品供應不足的時代，產品只要生產出來就能順利去化獲取利潤。在這樣的高度成長期當中，只要添購設備就能輕而易舉達到提高生產力的目的。當時，日本陶醉在「世界第一」的美夢裡，幾乎沒有人認真思考「為什麼賣得掉」。時勢造英雄，卻被誤解成自己的實力。

豐田汽車與大野耐一並沒有被高度成長期沖昏頭，他們始終相信「量是會變的」，而認真思考如何減少製造過程的浪費。他們的努力成效在石油危機過後，就具體顯現了出來。

後來，在泡沫經濟形成的過程中，許多企業又犯了同樣的錯誤。不問原因一味擴張的結果，造成設備的過度投資以及過度雇用，這些問題直到今天還沒有完全消化。

要常常反問自己：「為何能達成目標？」否則很可能又犯下將偶然的結果誤認為是自己實力的謬誤。

本章重點回顧

隱藏問題會阻礙進步。就算能瞞過一時、矇混過去，遲早還是會演變成嚴重的問題。任何問題、毛病都應該攤開在大家眼前，這樣才能找出釜底抽薪的解決之道，避免重蹈覆轍。既然要做，就不要避重就輕，哪怕得耗上一段時間，也要釐清問題背後的「真正原因」。這樣的處理方式才能為日後帶來更大的進步。

問題思考

1　問題發生時的處理原則為何？

2　假如問題逾越自己權限範圍時，揭露問題的舉動算是越權行為嗎？

第7章

明天一定要比今天好

1 過去的經驗會壓抑智慧的發展

不同環境可激發不同的智慧，以「現地現物」觀念決勝負

知識會阻礙智慧發展

大野耐一有一句名言：「**知識可以買得到，智慧則是金不換。**」知識與智慧常被混為一談，其實大不相同。知識可以透過學校教育、閱讀書籍無限制獲得。可是，教科書中找不到的真正智慧則是花錢也買不到。

而且智慧之前，人人平等，就看你是否具備激發智慧的技巧。豐富的知識，往往變成扼殺智慧的殺手。

大野耐一說過一個小故事：有位業餘發明家對永久運動有興趣，他去請教某電機系老師。學校老師認為永久運動是不可能的事，也認定這個研究不會有結果。沒錯，永久運動的確是不可能，可是當初如果不是以接近永久運動為目標，堅持努力下去，怎麼會有今天的自動錶？因此，千萬不要隨便看輕別人，說什麼「那人真沒知識，竟相信有所謂永久運動這回

事」。

別以知識、經驗判斷可能性

有識之士、經驗豐富的人，當別人問他某個構想的可行性時，往往丟下一句：「之前就做過了，結果是失敗。所以，你再做也不會有結果的。」

的確，看到屬下的提案，有時難免會憑過往的經驗去判定「這個恐怕行不通」。話說回來，如果馬上就以「做也沒用」來潑屬下冷水，恐怕會讓他們失去幹勁。就算屬下的提案再怎麼不具吸引力，畢竟也是絞盡腦汁想出來的。更何況此一時也，彼一時也，再試一次，誰能斷定連百分之一的成功機會都沒有呢。

如果被自己的知識、經驗框架所限，連百分之一的機會也要加以否定的話，那麼眼看就要發芽的智慧之苗恐怕會被扼殺掉。此後，屬下恐怕也只會體察上意，提些無關痛癢的案子吧。

不管什麼樣的提案，只要是屬下用心想出來的，都應該站在鼓勵的角度讓他們做做看。如果實行結果失敗了，屬下能夠心服口服，而失敗也可以轉化為寶貴的經驗。這樣才能讓人產生鬥志，甚至激發新的點子。

從每一個提案中發現可能性

豐田式生產從事改善之所以極力強調「現場的智慧」，是因為他們相信現場的「發現」，是帶動改善的開端。

通常提案書的寫法必須依照一定的格式，還講究條理分明。品管圈活動也一樣會為了發表，而要求當初的手寫稿重新謄寫在規定的用紙上。這樣一來就悖離了原先目的，讓發表的相關事宜反而變成一種負擔。

豐田式生產非常重視各種「發現」，例如「這個動作會增加腰的負擔」、「可能可以這麼做」等等。實際根據「發現」去進行改善前，當然還得經過好幾個階段。不過，最後的提案者名單裡，當初提供發現的人也會在裡面。

源於生產現場的智慧通常都很有用，反之，遠離生產現場只靠知識推想的提案，到了現場往往派不上用場。豐田式生產強調「現地現物」的概念，不親眼去看而一味靠腦子想，往往會發生意想不到的狀況。與生產現場緊密結合，腳踏實地的做事方式，就是所謂的「現地現物」概念。理論並不是不重要，只是套用到生產現場之前，還要先本著現地現物的概念，確認合乎事實之後再進行。這是豐田式生產的做法。

我無意否定知識與經驗，有當然比沒有來得好。而且，沒有過去的成功、經驗，哪有今天？只是，如果以過去的經驗、知識去否定生產現場的「發現」以及屬下嘔心瀝血的提案，那就錯了。沒有教科書的時代裡，單憑知識、經驗去作判斷，要小心別走錯方向。

2 不要迷信過去的成功經驗

工作環境每分每秒都在改變，做法與能力必須與時俱進

迷信過去的成功經驗會被時代淘汰

有些曾在工作上大放異彩並因此獲得晉升的人，到頭來卻交不出像樣的成績單，終於還是回歸平凡，頂多只落得一句：「他以前也是個厲害角色。」為什麼這種例子會層出不窮呢？

當然，能獲得晉升的人肯定有一定的才能，的確在工作上有過耀眼傑出的表現。這個光環為何在升官之後就消失？理由很簡單，因為他們雖然接下了新任務，卻只會如法泡製過去的成功經驗，而沒有以不同角度看待新任務。不是說他能力消失，只是做事方法錯了。

做事方法、應付新工作所需具備的能力，都會隨著時代而改變。如果忘了這個事實，一味堅持過去的成功經驗，遲早會被時代淘汰，失去舞台。

自己不求改變，球隊也難以蛻變

有一位曾經稱霸甲子園全國高中棒球賽的教練，在那之後奮戰二十餘年，卻始終無緣再挺進甲子園。初試啼聲就一鳴驚人，也變成他受到周遭各種責難的包袱。當他終於有機會再度站上甲子園比賽時，他說了這樣一段話：

「我以嚴格的訓練將隊伍帶到全國冠軍之後，繼續延用同樣的方法訓練球員。可是，不管再怎麼加緊操練，球隊還是連預賽都過不了。我只會要求大家做長時間的練習，時間一久，我自己完全疏於在棒球技術上求精進。幾年下來，使用同樣招數的我終於感到江郎才盡了。之後，我才開始聽別人的意見、和選手溝通、訓練他們養成獨立思考的習慣，選手也開始懂得去設定個人的目標。我發現，自己不求變的話，整個球隊也無從改變起，這麼長的一段低潮，恐怕就是為了讓我發現自己的無知。」

要一個曾經站上頂峰的人做這樣的改變並不容易。即使如此，只要能意識到自己「非變不可」，憑原先的能力，要重新綻放光芒並非不可能。

「我是有能力的。只是周遭有太多雜音阻礙我發揮能力，使我無法獲得肯定。」如果只會像這樣怨天尤人、抗拒改變的話，「無能」的標籤將永遠烙印在身上。

想清楚自己現在該做些什麼

跨入豐田式生產之際，遭遇抗拒改變的阻力是常有的事。

「十多年來我都是這麼做的，成果也有目共睹。現在竟然要我改變做法？我辦不到。」這些人都對自己的做法引以為傲，全然抗拒改變。

還有些人對於自己的工作被視為浪費而產生反彈：「我對於倉庫裡的大小零件，哪裡存放了幾個什麼東西都瞭若指掌。說什麼倉庫可以廢掉，到底把我的工作擺在哪裡？」

有些評論家主張「全盤否定過去種種」，我倒不認為需要做到這個地步。不管是獲得升遷的人、高中棒球隊的教練、還是生產現場的負責人員，都是憑著過去的優異表現，才有今天的地位。只不過時代在變，環境也在變，一味死守過去的做法，很容易造成極大的浪費。

要常問自己：「現在的我需要做些什麼？」能否再次成功，關鍵不在於什麼特殊才能，而是要想清楚怎樣才能符合新工作、新環境的需要，然後朝著目標全力以赴。

3 過去的成績不代表現在的能力

把業界常識、平均值當成目標，就像搭上一艘進水的船一樣

誰規定不良率要設在三%？

「以三%的不良率來算，投資這些設備，可以獲得這麼多利潤。」

誰要敢這麼說的話，肯定會被大野耐一狠狠罵上一頓：

「不良率是誰規定的？不能更低嗎？不良率降低的話，情況不就完全不同了？這才是該有的做事態度。」

根本不用在意什麼三%，就算那是業界的平均值也好，過去的成果也罷，都不代表什麼。重點是，不要把三%的不良率當作前提，要去想想如何把不良率降到最低。如果不良率能夠降低到〇・一%的話，根本不需要購置新設備，光靠改善就足以獲得驚人的成效。

換裝模具也是同樣的道理。儘管多樣少量的生產方式可以避免庫存風險，有人還是寧願選擇會產生一定庫存的大批量生產方式。原因就是換裝模具太花時間。只要換裝模具的時間

能大幅縮減，情況就會完全改觀。

我在關東汽車公司時，曾經花了二個月的時間，將過去需要九十五分鐘的換裝模具時間，一口氣縮短到只需要三分鐘。原本我認為換模時間不可能縮短到十分鐘以內，不過我還是遵照大野耐一所說的「要省掉等待的時間，就要把工具排好放著」，去排先後順序、免除不必要的調整動作，就這樣把原先的浪費一一排除，竟然真的把換模時間減到短短三分鐘。既然換模只需要三分鐘，那麼再以換模時間做為多樣少量生產與大批量生產的比較基準，也就失去意義了。

把平均值當目標，就別期待超水準演出

不受業界流傳的不良率、平均換模時間之類的框架所限，是豐田式生產得以實現的主要原因。另一方面令人不可思議的是，以業界常識、平均值為依歸的企業幾乎不曾有超乎水準的表現。

「在這個行業裡，這種規模的企業獲利率大概在A％」，一旦有了這種常識性的想法，企業通常在達到目標值時就感到滿意，以至於之後再也不會有更好的表現了。

訂定目標時也是一樣。常見幕僚單位與業務部門對於下一年度的成長目標要訂在五％還是六％，展開一番脣槍舌劍，而最後結論往往就落在五・五％。像這樣把時間耗費在數字的攻防戰上面，充其量只是官僚的談判，根本不具任何意義。

同理亦可類推到不良率、存貨周轉率的討論。把時間花在小數點以下數字的討價還價，會帶來任何進步嗎？

重點是，要相信自己的潛力無限

大野耐一常常不把不良率、換裝模具之類的業界常識當一回事，而訂下讓人感覺遙不可及的目標。或許這是因為，他已看出隱藏在各項作業當中的浪費吧。

假設原先換模時間需要九十五分鐘，如果把目標訂在八十五分鐘的話，那麼很可能永遠也達不到三分鐘的境界。要縮短個十分鐘，靠簡單的改善作業應該就可以辦到，而遠大的目標，則無法只靠簡單的改善作業，必須有徹底跳脫現狀的思維，才有機會帶來進步。同時，與其追求一個容易達成的目標，不如把眼光放遠，對準看似遙不可及的目標，反而能加速達陣的時間。

不管想要做什麼，不妨對所謂的業界常識、平均值，以懷疑的角度看待。揭示目標時，只要這個目標具有重要意義，儘管數字看起來像是不可能的任務，也要勇敢接受挑戰。就算在短時間內很難百分之百達成目標，只要全力以赴，一定會有大幅度的進步。最重要的是，要有一股自信的氣勢，相信自己擁有足以達成目標的無限潛力。

4 所謂改善……

滿足現狀，是走下坡的開始。改善之路沒有終點

一旦自滿，就看不見新的可能

豐田汽車的改善之路，一路走來已經超過五十年。至今，還沒到達終點。在局外人看來，只覺得不可思議。

或許是因為一般人難以想像，發現浪費、著手改善，竟然是件永無止盡的事吧。也因為如此，許多引進豐田式生產的企業，正當改善成果開始展現時，就以「這樣就夠好了吧」而鬆懈下來，不久之後又回到原點。相反的，改善的決心不曾鬆懈、持續推動的企業，則在一次次優勝劣敗的競爭下，更加成長茁壯。

大野耐一曾說：「改善之路永無止境。」

他認為：**「一個改善工作的開始，會帶動其他改善接連出現。」**

如果做了一個改善工作，就感到滿意，那麼對於隨之萌生的改善之芽，一定會視而不

見，結果很可能自己摧毀了改善的空間。

不受過去牽絆，也不多想未來

大野耐一認為從事改善最重要的是，要秉持**「不受過去牽絆，也不多想未來，今天糟透了，現在做的有問題，製造太多浪費，得好好改善」**的態度去面對每天的工作。

如果受過去牽絆，心裡想著「哇，成長一倍了！」那麼改善工作很可能會跟著停擺。一旦認為自己較先前改善許多，可以鬆一口氣，那麼和有一點小小成績就沖昏頭的人也沒兩樣。千萬要戒慎恐懼。

運動領域裡也不乏同樣的情形。常見在某段期間內，表現特別耀眼而被捧上了天的英雄人物，幾個月後，巔峰時期的光芒就全然消失；還有些則是被媒體炒作變成英雄的例子。當中不免有些人會迷失自我，以為自己真的有天大的能耐，而荒廢了練習。帶領女子壘球隊勇奪奧運獎牌的教練，他一針見血的一句話讓我印象深刻：「別以為自己有多了不起。」對領導人來說，這恐怕也是需要好好學習的地方。

一項改善工作會誘發更多改善之芽

企業領導人當中，也不乏被成功沖昏頭的情況。有些被譽為「時代寵兒」的企業領導人、企業體，就因為沒有及時因應時代的小小轉變，而從雲端狠狠摔落到谷底。

要在商業的世界裡生存，就必須不斷追求成長、挑戰自我。

如同Sony會長出井伸之說過的一句話：「時代在超越Sony」，在這個變化速度堪稱空前的時代，絕不能以維持目前做法為滿足。不論做什麼，至少要有一股願意嘗試新方法的決心去把事情做得更好。

能不能持續不斷自我革新，將決定未來的成長格局。

對於目前所為應該每天自省：「是不是還存在浪費？應該還有改善的空間。」同時，只要發現今天有所改善，有些許進步，就回頭再重新檢視一次。

一項改善的進行經常會引發其他有待改善之處。改善過的地方也可以再改善，再接再厲繼續努力。這就是實踐豐田式生產的不二法門。

5 挑戰別人眼中的不可能

唯有向高難度挑戰，個人與組織的張力才能伸展到極限

績效主義下反而失去挑戰欲

「績效主義」存在許多爭議。從年資至上的年功序列制，轉向年薪制、能力主義或績效主義固然不是壞事，可是相形之下思考模式全然自我，做事只挑有把握的來做，這種人似乎愈來愈多了。因應時代的快速變化，本來應該要培養更多勇於挑戰的人，可是眼前呈現的事實，卻是愈來愈多人甘於訂個不痛不癢的目標。說穿了，這並不奇怪。一旦個人考績是根據目標管理表上的達成率高低而定，那麼訂下容易達成的目標，難道不是人之常情嗎？

儘管有所謂三百六十度考核之類的方式，企圖彌補績效主義的不足，但是多數人對於考核基準仍然會質疑，勇於向高難度挑戰的人始終難得一見。

豐田式生產中的「職業技能訓練表」明白列出每位員工必須加強之處，以及所具備的能力，理想的考核制度就必須像這樣能夠確保公平性。

容易達成的目標無法激起挑戰欲

員工只會訂一些容易達成的目標，這種企業很難有進步。

同樣情況也發生在中小學教科書修正案上。根據新的政策方針，從二〇〇二年起內容將刪除達三成。教育方面我並非專家，據了解是因為偏重智育的填鴨式教育容易剝奪孩童的上進心，使他們失去開闊的心與生命力，修正案是基於這樣的反省而來。

教科書內容因此作了大刀闊斧的刪減，基本原則是「把困難度降到人人都能掌握的程度，讓每個人都有能力去做自己想做的事，連帶使人變得積極而有活力」。

我當然也反對強迫灌輸知識的填鴨式教育。即便腦袋裡塞了再多知識，沒有教科書的時代裡，少了智慧還是沒有用。不過，知識還是必要的，如果連一定程度的知識都沒有，恐怕也無法激發什麼智慧。

困難度該到哪裡並非重點，要好好考慮的是該給他們什麼樣的目標。

前文有關績效主義部分提到，容易達成的目標不會激發人的挑戰欲望，也無法產生創新。人只有挑戰遠大的目標才能學到更多。為了接近目標，會拼命想辦法，就算不幸功敗垂成，過程當中也已經學到許多。設定難以達成的目標，才能產生挑戰的欲望。

不痛不癢的改善就免了

豐田能有今天，與設定遠大目標、不以現狀為滿足有絕對的關係。從過去以美國為假想敵，到現在放眼中國、印度市場，不曾有過片刻的鬆懈。就像豐田英二所說：「一旦自認到達巔峰，接下來就沒指望了。」這也是豐田精神的展現。

大野耐一也是個勇於挑戰不可能的人。

他常把這句話掛在嘴邊：「要不就砍掉一半，要不就去個零。」總之，就是不容許做些不痛不癢的改善。以換裝模具為例，原本需花上好幾個小時才能完成的，一一都改到只需不到十分鐘的時間。把所有機械的換模時間都壓縮到十分鐘以內，這項工程就算是總公司的工廠，也前後花了十年時間才達成。漫長的過程中不曾有過絲毫妥協。

習慣以偏差值論高下的年輕一輩，往往得失心非常重，只會選擇容易到達終點的路。但是，要想一舉超越平均值，有突出表現的話，有時還是得設定看似不可能的遠大目標。千萬不可滿足於現況，一定要勇於追求理想，挑戰不可能。

本章重點回顧

回首過去，發現到目前為止竟有如此大的進展……當下感到滿足與否，決定了未來的成長格局。如果滿意目前為止的改善成效，那麼接下來恐怕無法再期待後續的改善了。不管有多少進步，時時秉持「今天最糟糕，今天的做法有問題」的態度，改善工作才可能持續下去。並不是要你否定過去的成績，只是沉溺於過去的成功經驗，會讓腳步停頓。要試著把滿足感放在一旁，眼光投向未來。

問題思考

1 你會不會嘴上說要求變，卻又常在不知不覺中對屬下提起當年的豐功偉業？

2 訂定計畫是不是完全根據歷史資料？

第8章

看得再多不如親自跑一趟
——公司裡不需要評論家

1 與其花時間找藉口，不如想想該怎麼做

不怕失敗的挑戰者，才有機會品嘗勝利的果實。不過果實不盡然是物質的，也可能是精神上的。即使這樣也無妨，不是嗎？

明明就是沒有大砲！

俗話說得好，事情有一百個辦不到的理由。

話說某位國王有次出巡一個小村落。以往國王到訪的地方，當地總會鳴放禮炮相迎，可是這一次，卻遲遲聽不到禮炮的聲音。不可思議之餘，找來村裡長老一問，長老誠惶誠恐地對國王抱歉說：「難得國王陛下大駕光臨，未以禮炮相迎實在失禮之至。」既然如此，為何不放呢？長老的說詞是：「怕吵醒睡夢中的嬰兒」、「擔心牛、馬聽到禮炮聲會受驚失控」。繼續往下追問，才終於說出真相：「其實村裡根本沒有大砲，就算想放也沒得放。」

類似的情況，商業界也不遑多讓。

業績下滑追究理由時，「上司沒有sense」、「公司的方向不明」、「公司產品沒特色」

……，諸如此類的理由紛紛出籠，就是忘了檢討自己的實力。有時則是面對新提案時，動輒以「我以前就做過了，結果並不理想，所以我看還是算了吧」，或是「業界的習慣、常識」做為否決的理由。

這些滿口理由、動輒反對的人，都不算是事情的當事者，頂多只能算是公司內部的評論家而已。

難道你會算命？

大野耐一很討厭人什麼都還沒做，就說「做不到」。他曾經對年輕一輩大發雷霆說：

「難不成你會算命嗎？什麼都不用做就知道結果的話，那你不如去當算命師！」

大野耐一所訂的目標，總是令常人看來遙不可及，也難怪會讓人覺得做不到。即使如此，他還是不容許這種態度。另一方面，如果怕什麼都不做會被他唸個不停，而抱著姑且一試的心態去做，他也一樣很反感。

做事最忌諱的，就是以半信半疑的態度姑且一試，或被逼之下不得已勉強動手。不管做什麼，都要相信自己一定能做到。相信自己，才能堅持到成功的一刻；還沒做就認定會失敗的話，原本可以達成的目標也會失之交臂。

話說回來，做了也不能保證事事成功，失敗的例子所在多有。只是，自己親身經歷過了，就算失敗也會得到許多寶貴的經驗。反之，單憑別人的一句話就退縮，或自己一味認定做不到而放棄，那麼雖然不會失敗，相對地也不會有任何收穫，當然更不可能成功。

滿嘴藉口，不會有任何收穫

沒有教科書的時代，必須以不怕失敗的態度好好把握每一個機會。只會依循前例，選擇風險低的案子做，恐怕沒有機會創造什麼新事物。

成功也好，失敗也好，總之要盡量累積經驗。與其把時間花在找藉口，不如好好想想該怎麼做，這樣才有正面意義，也才有真正的收穫。社會上不乏靠著一張嘴天花亂墜，就受到重用的「企業內評論家」，這種現象令人感慨之餘，對照現實來看，這些只會避重就輕的企業內評論家，卻沒有任何實質的貢獻。

沒有教科書的時代中，只有不怕失敗的挑戰者，才有創新的機會。

2 了解情況就要有所行動

大家都知道「非變不可」，可是只有知道「得過且過結果堪慮」的人，才會採取行動

UNIQLO充其量只會流行一時？

服飾廠商、百貨公司業者多把業績慘澹的理由歸咎於「UNIQLO的急速竄紅」。其實，雙方存在明顯的差異。UNIQLO自行擬定生產計畫，將海外生產的貨物，以完全買斷方式在直營店面低價出售。從企畫、生產到銷售，皆由公司一手包辦並承擔所有風險。

而服飾廠商、百貨公司業者則是一邊只負責生產，另一邊只負責銷售，就算雙方簽了買斷契約，還是不時發生退貨的情形。因此，廠商的定價會把退貨風險考慮在內；而銷售的一方，往往心存「賣不掉，大不了退給廠商就好了」的想法。在這種僥倖、互有盤算的心態之下，怎麼可能贏得了UNIQLO？

當然，有些公司的價格競爭力其實不比UNIQLO差，只是品質不佳還是難逃失敗的命

運。有些公司則是儘管自行開發類似的產品，卻莫名其妙地自我定位在UNIQLO之上，而設定較高的價格。結果當然還是不盡理想。

最近出現一種說法：「等到到處都是UNIQLO，看大家還買不買？」這種說詞不知該算輸不起還是什麼？總之，根本沒弄清楚真正的狀況；或者該說，了解狀況卻不採取行動。

光想不做誰都會

但是有一家服飾業者敢大聲說：「UNIQLO沒什麼好怕的！」相對於UNIQLO在中國的平均生產期五週來說，該廠商從接單到交貨的前置時間一共只要五天的時間。對於當季熱門商品、斷貨面臨追加的商品，可利用單件流生產的方式，實現既不產生浪費且與消費者需求連動的生產。

過去該廠商也是採取大批量生產，仰賴外包的廠商，目前則完全改為自行生產。產品在自家店面銷售，避免受到服飾業不景氣的波及；以國內生產奠定了前置時間上的優勢。因為與其他業者的產品不盡相同的關係，還不至於正面交鋒，也不會產生「跟UNIQLO要怎麼比」的想法。這就是積極因應消費者變化的結果。

光說不練一點用也沒有

實踐豐田式生產的企業大多都是在賺錢的狀態下，就先一步開始著手進行生產改革，而不是被環境所逼才不得不求變。鞭策他們的動力來自於危機感：「現在雖然一切ＯＫ，可是生產方式再不改變，總有一天會被淘汰。」

危機感的根據是消費者的變化、市場的變化。察覺變化之後，有些人會認真因應，有些人認為變化只是暫時的，還有人一邊覺得「非變不可」，內心深處又期待「船到橋頭自然直」、「事情總會有轉機」，這樣想的人永遠不會有任何改變。

沒有採取行動的，不能算是真正的了解。所謂的了解，要伴隨相對的行動。「非變不可」誰都會說，但是光說不練，一點用都沒有。

「我知道該怎麼做」、「我接下來就想要著手進行」……等等，愛怎麼說都行。只是，現在已經不是耐心等待，情況就會慢慢好轉的時代，想要扭轉情勢，就要有行動力。

3 讀來的知識沒啥用處

知識多就能成功的話，管理學、經濟學家豈不個個都是成功者？

到了生產現場，好壞立見分明

中坊公平律師有句名言：「現場自有神明。」

他認為徹底貫徹現場主義，是身為律師的根本，首先要依據客觀的事實去了解實際情況。他也說過：「親臨現場會看見真實，也會產生說服力。」

領域雖然不同，但是大野耐一也常說類似的話。

某位大學教授提到：「我對於自己遍覽群書，汲取豐富知識，卻無法應用於現場感到十分挫折。」大野耐一回以：「**讀來的知識沒什麼用處，重點在動手做**」、「**感到疑惑、困擾，或者有什麼想法的時候，去現場就對了。到了現場，是好是壞都一清二楚，新的問題點也會跟著跑出來。**」

大野耐一推行豐田式生產之前，不管是福特式生產，還是泰勒式生產，都下了一番工夫學習，也得到不少知識。可是他並不是靠知識建立豐田式生產，而是在生產現場的嘗試錯誤當中而確立的。儘管他了解知識的重要性，卻也了解光靠知識並不能成事。

不睜開眼睛看而光是用腦思考，很容易犯下不可思議的錯誤。所以，我要再次強調，理論固然重要，理論要落實到現場之際，還是要秉持「現地現物」的精神，確認事實之後再行動。這是豐田式生產的基本原則。

透過白紙看所有事

大野耐一認為生產現場不容許預設立場、偏見、主觀判斷的存在。他也強調坦誠面對事實的重要性。這話說來簡單，做起來可不容易。

不管做什麼事，人難免會求好心切，以個人主觀做為判斷依據。一旦心中存有這種雜念，就很容易把眼前所看到的現象複雜化。

結果不如預期的時候，人往往不會在現場找答案，反而企圖套用既有的理論、法則，硬要找到答案。這樣會讓人失去應有的判斷力，看不見重要的事實，要不就是得到一個禁不起現場考驗的答案。

大野耐一所謂的「透過白紙看所有事」，就是這個道理。除了重視現場以外，他更了解排除所有預設立場、坦誠面對現場所呈現事實的重要性與困難度。為了了解「真相」，他往往在現場一站就是兩、三個小時。這就是大野耐一的做事方法。

理論也好，美國典範也罷，都沒有半點用處

我一點也沒有輕視知識與理論的想法，只是，把事實與現場置之不顧，完全不會有任何的進展。豐田的發展過程固然以美國理論與生產方式為師，卻不是原封不動複製到日本，而是經過生產現場的嘗試錯誤發展出日本獨創的生產體系，才得以享有今天的地位。

近來社會上瀰漫一股美國熱，什麼都是美國的好。可是，日本如果想在國際社會保有競爭力，光靠模仿美國絕對行不通，一定得建立一套舉世無雙的日本獨創方法。

走理論路線、事事靠電腦資訊的人絕對無法完成這項任務。面對看壞日本產品製造能力的聲浪，豐田社長張富士夫獨排眾議表示：「那是不懂現場的人才有的悲觀想法。」持續實行豐田式生產的企業經營者，個個都對產品製造擁有高度自信，對未來仍然保持樂觀。

若要把「忙到沒空去生產現場」當藉口的話，那就沒什麼好說的了。平常不管有任何疑

問、想到什麼點子，都應該立刻到現場走一趟。不帶任何預設立場到現場，以開放的心情去觀察，一定能得到答案，也會知道接下來該怎麼做。

4 大家英雄所見略同

別急著看結果。什麼都不想，總之先花一年時間去做。有什麼問題，一年後再說

付諸實行最重要

豐田英二在著作《決斷》中，有一段關於豐田式生產的敘述：

「歸根究柢，豐田式生產就是徹底消除浪費的生產方式。重點是，不用浪費時間去思考能否達到預期的理想境界，只要徹底去執行大家認為不可能辦到的事就好。說它是基於事在人為的信念也好，說是出於自信也罷，總之不要只是動腦想，付諸實行才是最重要的。」

這段話是出自「剛好及時」的構思者及推行者豐田喜一郎，一篇描述豐田式生產起源的文章。同樣地，豐田英二認為豐田喜一郎所說的「製程決定品質」就是所謂的QC（品質管制），他也說過：「大家所想的都一樣，並不是說豐田喜一郎有什麼天才。」

當然這是謙虛之詞，不過他也提到：「就看你能把想法實行到什麼地步。」這句話點出

他認為把想法付諸實行並不容易，以及對於貫徹實行所給予的高度評價。

不要太計較成功機率

世人往往腦中清楚該做什麼，卻因為實行困難、成功機率偏低而遲疑不前。也因此，造成人們害怕挑戰的通病。

尤其，出身一流大學、頂尖企業，從小到大都無往不利的人，在動手做什麼事之前，通常習慣先盤算成功的機率，或在腦中預先模擬、或是算計利害得失。假如評估結果成功機會不小，就立即出手；反之如果眼前有許多阻礙與負面因素存在，成功機會渺茫的時候，就二話不說馬上退出。這的確是保險的安身立命之道，不過不足以在沒有教科書的時代求生存。

無論豐田式生產的實踐者豐田喜一郎或大野耐一，應該都非常清楚實踐豐田式生產的困難所在，只是他們了解，若不推行，日本的汽車產業恐怕永遠也趕不上美國。支持他們的應該是「再怎麼難，也要做出一番成績」的堅強意志吧。

採取行動的人才會成功

很多人都懂豐田式生產，有強烈學習意願的人也不少。可是一旦考慮正式引進到自家企業，許多人就立刻退縮。他們並不是不相信豐田式生產的效果，只是對於徹頭徹尾改變生產方式感到困難，在認定會遭遇重重阻礙的情況下放棄了引進的念頭。

相反的，成功引進豐田式生產的多屬於行動派，「反正先做了再說」。當別的企業還在反覆思考，遲遲無法決定是否引進的當頭，這些果決採取行動的企業已經開始獲得巨大的成效。

我對於考慮實行豐田式生產的企業，都會送給他們一句話：「總之先花上一年時間去做。有什麼問題，一年後再說。」這話聽來或許太過隨便，可是與其擔心這個、擔心那個，卻什麼都沒做，不如實際動手做做看。

信奉知識的人，的確對各種經營手法、理論都瞭若指掌；對於自己的公司、個人的生存之道，也自有一套高見。只是，光想而不採取行動的話，結果還是零。

「就看你能把想法實行到什麼地步」，這句話值得大家好好體會。

5 「技述」人員沒有用，要做就得做「技術」人員

技術人員不是闡述技術的人，而是採取行動的人

技術人員必須以實地操作為根本

豐田喜一郎於昭和二十二年（一九四七）五月十日，豐田汽車慶祝生產第十萬輛汽車的當天發表了一篇紀念文，當中有一段談到技術人員應有的認知：

「一般來說，日本的技術人員常流於紙上談兵，儘管吸收了大量外來知識，一旦要推行卻又缺乏自信，唯恐遭受他人批評而欠缺義無反顧執行到底的精神。也就是說，有批評能力而沒有實行能力，這種技術人員對於汽車產業沒有幫助。要建立汽車產業，技術人員必須具備義無反顧的勇氣去實行，還要具備比別人更積極求知的旺盛企圖心。」（出自《產業技術紀念館參觀手冊》）

「技術人員必須以實地操作為根本，只有整天雙手沾滿油污的技術人員，才是真正能夠重振日本工業的人。」

儘管時代在變，前文所載的技術人員應有的認知，永遠都是豐田集團產品製造的根本。

產品在嘗試錯誤的過程中誕生

除了豐田集團以外，其他在技術領域各有擅場的人與企業都有這個共同點。

曾在新聞報導中出現的、以光學技術聞名世界的濱松光學（Hamamatsu Photonics KK），只是一個地區性的中小企業，他們分析自己能夠打敗世界級大企業的主要原因，在於「生產現場從無數的失敗經驗中一點一滴去改善，日積月累所形成的技術能力」。該公司堅信「研究室無法創造出任何東西，創造力不是來自學問的探索，而是在嘗試錯誤中產生」。

同樣地，被譽為最接近諾貝爾獎的日本人——中村修二也認為「失敗當中才找得到新的可能性」，他相信「只有將各種難題、障礙一一克服之後，才會發現他人所看不到的東西」。是否真的無法辦到，只有靠自己的眼睛去確認。輕易喊撤退的人不會有什麼收穫，這就是他的信念。

以上都是在實踐的過程中，成功摸索到創新之路的見證。

理論和體系都是事後建構出來的

有些人著手新計畫之前，總是參考已發表的論文、相關權威的意見做為起點。這些人知識都很豐富、理論也很紮實，不過依循這種模式的人好像沒有發展出什麼創新的產品。

大野耐一期許豐田的技術人員**「不要做一個只會詮釋理論、知識的技述人員，要成為有行動力的技術人員」**。因為他比任何人都了解，只有「採取行動」才能產生真正的成果。

許多對豐田式生產有興趣、前來參觀的人，只是想了解生產體系、理論架構。身為實踐者我想說的是，其實理論、體系都是事後建構的，一開始只要動手去做就對了。

近來有許多人不知是不是因為所謂的「資訊科技上癮症」，他們完全依賴從電腦獲得的資訊，有愈來愈遠離現場的傾向。網路科技蓬勃發展之下，不可否認地，從網路所能獲得的資訊量遠超過以往，但是光憑這些資訊來進行判斷，恐怕會發生嚴重的錯誤。

即使資訊傳遞再發達，知識再怎麼容易取得，最重要的還是親自到生產現場去走一趟。遠離現場所做的結論，恐怕只會與現實脫節。

這樣做充其量只能算是擅長詮釋知識的「技述」人員，而不是會採取行動的正牌「技術」人員。要在激烈的國際競爭中存活下去，就必須做一個豐田喜一郎所說的「有義無反顧執行到底勇氣的技術人員」。

本章重點回顧

知識非常豐富可是欠缺執行力，這是許多日本幕僚、技術人員的寫照。他們雖然積極取得各項證照資格，卻獨獨缺少一股著手創新的動力。其實「實行」本身才是最重要的事，退縮不會有任何創造性意義，只有勇敢去挑戰才有機會創新。即使失敗了，所得到的教訓還是彌足珍貴。不要只是一味吸收知識，先把腦筋運在實行面才是重要。從實行當中，自然會找到往下做的線索。

問題思考

1 只要證照資格到手就可以高枕無憂了嗎？

2 腦中的想法，會依現地現物的概念去做確認嗎？

第9章

你做的是工作，
還是動作？

1 前製程是神明，後製程是客戶

相信前面的人，不給後面的人添麻煩，
這個一般商業法則就是豐田式生產的基本概念

以百分之百良品為目標

不管多賣力去做，只要結果產出大量不良品，就等於是浪費原料，稱不上做了事。這樣頂多只能算做了「動作」，並沒有做到「工作」。

「將動作化為工作」必須建立在產品「百分之百是良品」的基礎上。要做到這一點，不能有「待會兒再檢查」、「等一下再修」的想法，要在各自的製程內確保產品的品質，不能把任何不良品交到下一個製程，這就是豐田式生產的概念。

豐田式生產把後製程當作客戶看待，交給客戶的，當然絕對不可以是不良品。這個概念不只適用於對待顧客，不管是擔任設計、採購、還是生產線的製程工作，對於銜接自己工作的部門、人員一律視為「客戶」。同樣的，對於交付零件的廠商，不像其他公司以「外包廠商」相稱，而是奉為幫自己承擔無法勝任之工作的「神明」。「前製程是神明，後製程是客戶」的想法若能貫徹，工作方式會為之轉變。

彼此信賴，並顧慮到下一製程

豐田式生產從某種角度來說，算是本於「性善說」。以剛好及時為例，「在必要時刻，購入必要數量的必要物品」，必須在所有產品以百分之百良率的標準，依交貨期要求準時送達所訂數量，這樣才能算是成立。而品質方面，他們雖然控管嚴格，但是並未針對進貨進行檢查。包括供應零件的協力廠商在內，所有製程都做到「百分之百良品」的程度。這是豐田式生產的前提要件。

前一製程必須思考「如何讓下一製程順利進行」。比方說某家工廠，將過去協力廠商交貨時用來承裝貨物的箱子改成「重複使用的箱子」，大大減少彼此在裝箱、開箱取貨上所浪費的時間，也一舉消除全年累積達三．五公噸的垃圾量。這樣的改善不僅達到環保目的，也照顧到下一製程的方便。同樣的，依據「生產指示書」準備零件的人員，只要稍做組裝再送往下一製程，也可能達到協助下一製程提高工作效率的效果。

「前製程是神明，後製程是客戶」不只是一句口號。所有的製造程序，都以信賴、體貼、照顧為前提，做到「將百分之百的良品，以更方便後續作業的方式送達，去協助下一製程」。這樣豐田式生產才算成立，也才會持續進步。

縱向組織、本位主義對工作沒有幫助

某家因問題車事件差點危及公司營運的汽車製造商，發生過如下的狀況。

該公司開發出性能非常優異的引擎，可惜引擎與車身配合不佳，導致引擎功能無法發揮到極致，連帶影響到車輛整體的燃油效率。由於型錄上記載的燃油效率數據與車主的實際駕駛情況實在相差太多，客戶的質疑聲浪不斷升高。

面對這種情況，該公司的引擎技術人員表示：「我們開發的引擎，燃油效率好得不得了，燃油效率不佳的問題出在車身，跟引擎無關。」他們完全不認為這個問題跟自己有什麼關係。而公司方面，也沒有把這件事當作全公司的問題來看待。像這樣個別技術優秀，但產品整體卻出毛病的情況，並不是特例。就算自認份內工作做得無懈可擊，如果無法與其他部門有效配合的話，只能算是獨善其身。

有一家引進豐田式生產的建設公司，把那些只管自己的設計，對建築工地、模板工廠的事情一概不管的設計師帶到工地去，要他們實際體驗施工的情形，用意是「讓他們實際去了解，自己的設計到底可不可行」。能夠設計出住起來舒服、工地施工又方便的房子，才夠格稱得上專業。

許多企業的運作方式至今仍然不脫「層層上報的縱向組織」、「占地為王的本位主義」，這樣不可能製造出合於顧客所需的產品。要符合今後的時代潮流，必須對自己的工作負起百分之百的責任，同時要建立起顧及下一製程的工作態度，換句話說，就是要奉「前製程為神明，後製程為客戶」。

2 最跋扈囂張的人，往往工作最不力

有個在不在都一樣的管理者，工作氣氛不會好

只是看起來辛苦罷了

共立金屬工業採行脫胎自豐田式生產的KPS生產，該公司社長阪口政博說過這麼一段話：

「對製造業來說，最花錢的當然要屬機械設備。有些人操作起機械，就擺出一副困難無比的架式，好像在做什麼了不起的工作。其實，真正麻煩的，是尋找、整理零件材料的工作。他們把這些煩人的工作推給女性，自己不費吹灰之力去操作機械。我那時候的感覺，是最跋扈囂張的人，其實是工作最不力的人。」

阪口社長的感想，是引進豐田式生產之初，對自家公司的運作做了一番通盤檢討時所產生的。當然，經過工作團隊的腦力激盪，目前所有的機械都已經被加工到人人都能上手的程度。整理、整頓功夫做得夠的關係，尋找、搬運零件材料的工作也不會產生任何浪費。

長久以來視為理所當然的工作方式，換個角度來看，也許會發現許多浪費、值得改善之處。

更深入，更有趣

將豐田式生產改造成「UNITECHNO式」的理光公司，工廠門口有這樣的標語：

「把困難工作變簡單，簡單工作變深入，深入的工作變有趣，一個活力充沛的工廠。」

「有發現才會有學習，有學習才會有成長，有成長才會有幸福，一個光芒閃耀的工廠。」

工廠裡沒有人抱著「乖乖照上面指示去做就好」的想法，這裡每個人都認真思考、積極從事改善，希望把目前工作做得「更深入，更有趣」。對於公司自行開發的「UNITECHNO式生產」，更有一番豪情壯志：「胸懷全世界，全方位布局，以獨創的生產體系去實行。」

因個人工作關係，我遍訪許多工廠、公司。到了營運情況良好的工廠，員工臉上總是神采奕奕，不等我開口，他們就會很有精神地主動打招呼。相反地，去到經營不善的工廠，員工個個無精打采不說，也聽不到彼此打招呼的聲音。由此可見時時用腦，一天一天進步的感覺，真的會讓人充滿活力。

十年如一日採用同樣的做事方式、害怕改變，不會讓人有活力，更不會帶來成長。

沉溺於過去，只會讓工作變成動作

最重要的是要好好自我檢視一番。這是一切的基本。
想想自己是不是那個「最跛扈囂張，工作最不力的人」？
是不是一方面要求屬下改變，一方面又老是把「過去的成功經驗」掛在嘴邊？
是不是沉溺於過去的榮耀，對於眼前一籌莫展的自己只會自我安慰，埋怨時代的變化？
有沒有把「改善與發現浪費當作一生的工作」，是否以「現在做得很糟，還是存在浪費，有待好好改善」的心情去面對每天的工作？

人一旦沉溺於過去的榮耀或滿足於現狀，就不會再繼續求進步。時代在變，人如果停頓下來，無論再怎麼優秀的人，都會慢慢與時代脫節。過去的「卓越傑出的工作」，也會變成「無意義的動作」。

過去的經驗、成績都很寶貴，絕對不需要加以否定。只是，眼前的時代不容許我們光憑過去的榮耀與經驗來求生存。別忘了常常問自己：「有沒有更好的做法？」

3 整理與整頓

尋找、搬運的動作不會產生附加價值，只是像在工作而已

分秒必爭的工作，重點在於……

「有沒有看過助產士的工具？」

當我正為了如何縮短換模時間而傷透腦筋時，大野耐一先生丟下這麼一句話。當然，我不可能看過。

據說，助產士的工作是分秒必爭的工作，想來的確如此。在分秒必爭的情況下，各項工具必須依使用順序排好，以免突發狀況發生時會手忙腳亂。換裝模具的道理也是這樣。

只要把使用的工具依序排好，不要再花時間當場調整即可。就拿鑽孔的工作來說，不能每次換裝模具時都得重新試打，一旦找對位置，下次就要比照這次，一次成功。如果可以把換模過程中不必要的浪費一一抓出，一個一個消除，所需時間自然會慢慢縮減。這就是最高指導原則。

調整不是技術，而是不必要之惡

以培養多能工來說，得把生產現場的工作簡化到新手也能勝任的地步，可是遇到操作難度高的機械就不是那麼容易辦到。把單能工轉變為多能工的過程，當然也會引起心理上的抗拒感，除此以外，假如作業上需要人工調整的部分過多，那麼還非熟練工不可，絕對不是新手能勝任的工作。

何況每次換模都得試打一、兩次的話，就相當於造成幾個百分點的不良率。既然沒有經過試打過程，當然無法立即產出良品。從這個角度來說，「調整是不必要之惡」。

把擅長調整，或是把操作難度高的機械運用自如當作熟練的技術，這種想法根本有問題。該做的事情，是透過改良機械把操作困難度降低，簡化大費周章的調整作業。這樣才能消除浪費。

浪費可分為好幾種，最具代表性的有八種，其中包括過量生產、積料、搬運、加工、庫存、產出不良品、產業廢棄物。關於過量生產的浪費，前文已經提過。

此外還有找東西、搬運的浪費。在堆滿東西的倉庫裡光是找東西，就夠痛苦的，更何況，需要的東西常常會找不到，而用不到的東西卻堆滿整個倉庫。試想現在有個善於尋找庫存的人存在，那麼道理就跟「調整是不必要之惡」一樣，如果沒有意識到「找東西」本身是一種浪費的話，那麼問題就嚴重了。

工廠本來就應該整理、整頓得乾乾淨淨

我帶人去參觀豐田式生產的企業時，參觀者無不大感吃驚。因為工廠裡不僅整齊清潔，為數不多的庫存更是排列得井然有序。某家企業把下午三點起的十五分鐘規畫為「清潔時間」，用來打掃環境。參觀者都驚訝得直說：「哪還有地方可掃？」

實踐豐田式生產的企業，他們的工廠一定會變得很乾淨，庫存也非好好整理、整頓不可。因為既然要實行單件流生產，那麼填寫在生產指示書上的零件，就非得依據要求準時送達生產線不可，提早、延遲都不行。如果一邊做還要一邊想「A零件在哪？B零件在哪？C零件不夠用」之類的事，單件流生產怎麼可能成功？

參觀豐田生產線的人，都驚訝於「豐田的工廠裡沒有人在找東西」。豐田式生產不把找東西、不具意義的搬運視為工作，因此必須徹底「整理、整頓」。

大野耐一曾對「整理、整頓」下了註腳：**「處分不用的東西叫做『整理』，把要用的東**

西放在方便取用的地方叫做『整頓』。只是把東西排整齊的話，那叫『整列』，生產現場的整理必須做到『整理』、『整頓』的地步才行。」

把工作視為分秒必爭的事情時，調整當然是不必要之惡，找東西也稱不上是工作。一般認為是工作的作業當中，其實隱藏了許多浪費。發現浪費的存在，然後一一消除，就能把動作化為工作。

4 今天生產幾個不重要，重要的是今天賺了多少

現在的工作當中有八成都是浪費，消除這些浪費就是你的工作

一天好好工作個一小時

豐田式生產的原點，說穿了就是一句話：找出浪費，消除浪費。可是，實際上要找出浪費並加以消除，不是件容易的事。想想看，如果自己每天做的工作被別人認為全都是浪費，當事人會作何感想？

大野耐一在戰後不久，曾經對工廠內的年輕一輩說：**「你們能不能一天好好給我做個一小時啊？」**結果引起工人們強烈不滿。本來就是這樣嘛！站在工人的立場，他們當然會覺得：「已經做到每天都在加班了，還說要我們好好做一小時，到底是什麼意思嘛！」

不過，以大野耐一的標準來看，事情完全不是這麼回事。儘管員工看起來一副賣力工作的樣子，實際上動的是機械，而且有些動作也不具意義，這樣子的作業情形根本稱不上「工作」。也就是說「不會生財的動作」雖然很多，卻不構成「生財的工作」。只要把浪費一一

去除，那麼提高生產力根本就是輕而易舉。如何找出浪費並加以去除，可說是推行豐田式生產的最大課題。

浪費是人為的

浪費是人製造出來的，把人工作中的所有動作，其中的九成都視為浪費的話，就會發現浪費的所在。

話說某家建設公司的工廠中，有一位「神奇的」廠長。

該廠生產住宅用的模板。大批量生產方式之下，多少總會有一些庫存，而該廠倉庫中的模板則已到了堆積如山的狀態。這位廠長對於每一種模板的數量以及存放位置都瞭如指掌，簡直比電腦還靈光。不過，廠長不在的時候，倉庫的事就沒人能掌握了。

廠長向來對這項管理能力頗為自豪。然而，從豐田式生產的觀點來說，這根本算不上工作。因為倉庫裡庫存堆積如山，原本就已經是不正常的情況。更何況除了廠長以外，沒人能掌握庫存，無法立即找出所需的東西，這是連最基本的「整理、整頓」都沒有做到。如果把根據預測進行生產的批量生產方式改為接單生產，那麼庫存就可以降到最低限度；整理、整頓如果能徹底執行，那麼管理模板、零件將會是人人都做得來的工作。

最後可能發現「自己的工作已經沒有存在的必要」

雖說上述廠長的例子是個極端的個案，不過，如果徹底剖析自己的工作內容，相信還是會發現其中存在種種的浪費。

把工作當中的無數浪費置之不顧的話，就算再怎麼裁減人員，再怎麼用機械取代人工，都無法真正提高生產力。

有位豐田人曾說過：「豐田式生產執行到底，很可能發現自己的工作已經沒有存在的必要。」的確，在徹底排除浪費的過程中，是有可能發生否定自己工作的情況。不過，既然發生了，就順其自然，再想別的新工作就好。幕僚人員當中，不乏為了證明自己的存在價值，硬是想些無關緊要的事來增加生產現場、業務部門的工作。這除了為求自保以外，無以名之。這種人所做的工作當中，說不定有九成都是浪費。

工作之餘，也要經常檢討自己是不是有類似情況。追求個人成長，必須不斷自我革新，別忘了，要不斷以最嚴格的眼光省視自己的工作方式。

5 產品與商品

工廠製造出來的產品，交到顧客手中才成為商品。

不要光製造產品，要製造商品

豐田喜一郎所察覺的事

豐田式生產的產品製造是以因應市場變動為前提，切合每一位消費者的需求為主軸。這個概念早在物資貧乏、東西只要做出來就賣得掉的時代就已建立，至今仍然不變。

昭和十一年（一九三六），日本為扶植國產汽車製造業而訂定的「汽車製造事業法」通過之後，豐田喜一郎表示：「法律的訂定有助於防止惡性價格競爭之發生，可是倘若因此而造成國產汽車價格上揚，那就萬萬不應該。為了促進國產汽車的蓬勃發展，一定要提供消費者價格低廉的汽車。」（引自《豐田生產方式》）

他認為躲在政府保護傘下，以愛國心為訴求而高價銷售汽車的業者，終有一天會被消費者淘汰，而暗自引以為誡。

從這段話可以清楚看出，在日本汽車產業尚未站穩腳步的時候，豐田喜一郎已經了解價格必須符合市場期待，而極力朝提供物美價廉的汽車而努力不懈。

「產品」不等於「商品」

大野耐一也把「對價格嚴格把關」視為理所當然：**「不要把價值與價格混為一談。消費者願意出錢購買，代表他認同產品具有那個價值。如果成本上揚了，那麼提高價格就好，這種念頭實在要不得。價格上揚可是價值卻不變時，顧客也會跟著打消購買的念頭」**。「成本＋利潤」不是他的考量，他在意的是如何以更低的成本生產好的產品。

這種「滿足顧客」、「市場導向」的概念，現在大家都視為理所當然，可是生產現場當中，到底有多少是真的站在顧客立場去生產的？

大野耐一把製造的物品嚴格區分為「產品」與「商品」。接單與生產有連動性，產品的去化管道已定的稱為「商品」，反之則稱為「產品」。

有些企業嘴上高喊著顧客導向，卻還是繼續製造「產品」。某家目前已改為豐田式生產的企業，對於「製造產品的作業」與「製造商品的工作」之別，做了這樣的詮釋：「過去可說是盲目進行工作。製造的東西下一站就進了倉庫，嚴格來說只是在補充庫存而已。雖然自以為做了工作，其實只是把時間消磨掉罷了。自從開始意識到顧客的存在之後，為了配合時時刻刻都在變化的前製程、後製程，才開始推動各項改善。起初真的很辛苦，不過現在已充分感受到從事生產的樂趣。」

所有工作都以製造「好商品」為依歸

埋頭製造「產品」會忽略消費者要什麼，也不知道怎麼調整方向。無論自己製造的東西，是否直接到達消費者手中，都必須緊緊抓住後製程的需求。那麼不但價格、庫存問題可以迎刃而解，更重要的是，員工本身也能抬頭挺胸大聲說出「自己在做些什麼」。

這個道理不只適用於產品製造，除了幕僚單位以外，更可以適用到所有行業。既然生產顧客不需要的東西不能稱為「工作」，提供的服務不能滿足後製程的人、企業，也只能算浪費。無論從事什麼工作，都應該認真思考後製程需要的是什麼，這樣才能提供真正的服務，也才能使價格與價值趨於一致。光是製造的一方、提供服務的一方自認為是「好產品」，不見得一定會成為「好商品」。把東西做成「好商品」是一種使命。

要把製造「好商品」做為所有工作的出發點，只要心存著製造「好商品」的念頭，就會很清楚該做些什麼。

本章重點回顧

有些人一廂情願地認為「只要產品好，不怕賣不掉」，結果是拼命做一些根本賣不掉的東西。他們做的事情毫無意義卻渾然不覺那是一種浪費，充其量只能算是認真做動作，談不上是「工作」。什麼是浪費？什麼是工作？要好好分辨清楚。同時，也應該以最嚴格的眼光檢視自己的動作，是否「存在浪費」。發現浪費、排除浪費是一生的工作。

問題思考

1 請試著舉出自己工作當中的七種浪費。

2 如何才能生產出顧客所需要的商品？

第10章

天天改善、天天實踐，是成功企業的例行公事

1 抓緊時代的脈動

與其花時間想做不到的理由，不如想想該怎麼做

優點沒幾個，缺點倒是一籮筐

每次碰到對引進豐田式生產有興趣的企業經營者，我都會問同樣的問題：「請舉出貴公司的十項優點。」

很少人能夠脫口而出一長串優點，最多的大概也不過五項，一般都只能舉出二、三項。問到「有什麼缺點」，回答就很踴躍了，「沒人才可用」、「由於資金上的限制，無法添購新機械設備」啦，隨便舉都超過十項，甚至一口氣說出幾十項的也大有人在。

聽在耳裡，我不禁為他們擔心起來：「這樣還能撐到現在啊！真不簡單。」一方面又覺得他們「到底了不了解自己的公司？」

有些人非常擅長指出缺點，無論事關政治、經濟、社會，還是學校，什麼都能批評，而且最終結論就是「沒希望了」。難怪有人說「知識分子沒別的長處，就是會挑別人的缺

點」，不管怎樣，批評、挑毛病之類的事還是交給評論家吧。

經營者、幕僚人員如果扮演起自己公司的評論家，那麼公司就沒救了。

光靠改善缺點還是趕不上時代的變化

有些幕僚人員會說「這是公司的問題」。他們或許認為自己已看出公司的問題點，不過相對也顯示他們完全缺乏「把問題視為己任，自己去解決」的想法。

要舉出公司缺點是件容易的事。在過去事物的變化速度不那麼快的時代，公司可以一項一項去改掉缺點，可是在這樣瞬息萬變的時代裡，修正缺點實在趕不上時代的變化。

企業、企業人必須做的，不是找出公司的缺點，而是要盡力挖掘優點，當成自己的利基好好加以發揮。

成功引進豐田式生產的企業，在景氣冷颼颼的時期，手頭訂單仍然應接不暇。其中更有多家總公司不是設在東京、屬於地區性的中小企業，一直以來都為招募人才所苦。這種情況假如看在評論家型的經營者眼裡，恐怕又會挑出一堆毛病，覺得：「這樣子公司怎麼做得下去！」

成功引進的經營者都是把精力放在如何將現有設備、人才做最有效的運用，以「交貨期、品質、成本」的優勢為致勝利器，而成功將「產品製造」具體轉化為商品。

這就是不去想為何辦不到，一心一意只想「如何能辦到」的成果。

認真去了解每位員工的個性

關於中小企業，大野耐一曾經說過：「員工人數在三百人以內的，大概可以做到掌握每位員工的個性，做得好的話，對公司業績會有很大的幫助」，不過，「一個不小心，也可能嚴重影響公司營運」，重點就是「老闆要把這當一回事認真去做」（引自《工廠管理》）。

把自家公司批評得一文不值的經營者、幕僚人員當中，有多少人把熟悉每位員工的個性，當成自己的事情認真去做的？

有位前輩曾經對我提起「舉出十個優點」這一回事，他要我說說看內人的優點。當時，我只說得出二、三個，現在則是一口氣說上十個、二十個都不成問題。關鍵就在於你是否能從善意、關心的角度去看人。

與生產現場有隔閡，對現場員工漠不關心的情況下，就算在電腦桌前耗再多精神也不能解決什麼。不要事事從負面角度出發，應該試著去找出優點，盡可能把優點發揮到最大限度。與其思考怎麼解釋做不到的理由，不如把精力放在想想怎樣去達成目標，才更有積極的意義，心情也才會愉快。

2 別逃避問題

不要拖延問題，養成今日事今日畢的習慣

發生問題就是改善的機會

豐田式生產的原則是「將不良品攤在大家的眼前」。

發現不良品時立即提出，可以當場就「不良品的發生原因」想好因應對策。相反地，如果把不良品放在大家看不到的地方，之後就算看到，也已經造成好幾個小時、好幾天的浪費。那就錯過了寶貴的改善機會。

豐田式生產有項特色：一旦發生問題、有任何狀況時，會立即停止生產線去擬定解決的方法。日本人向來習於隱藏問題、拖延問題。就這一點來說，把發生問題視為理所當然，藉此進行改善的豐田式生產可說是完全與眾不同。

而且，當天的問題也向來都是當天就馬上處理。

當天問題當天解決

生產制度源自豐田式生產的共立金屬工業，社長阪口政博於推行自家的KPS式生產之際，立下「當天問題當天解決」的座右銘。

話說某天，有個操作機械的工人表示「腰部疼痛」。由於廠內機械都已配合操作者的身高去調整高度，照理說不會發生這種事。經過全盤了解作業流程之後，發現他不只要操作機械，還得進行換裝模具的工作。雖然機械的操作高度已經調得恰到好處，換裝模具的高度卻不是如此，以致他每次進行換裝模具時，都得以不良姿勢進行，久而久之就形成了腰痛的毛病。

豐田式生產對於員工必須扭曲身體、蹲著工作之類的，造成不良姿勢與肉體負擔的情況，都盡可能避免。他們認為減輕肉體負擔與安全至上是最基本的原則。這個例子發生時，公司也是立刻就著手改善。

照理說這時候應該是請機械廠商過來修理，不過這樣既花錢又得等好幾天。於是公司的社長就親自下海去調整機械的高度。這實在是相當耗時的工作，不過阪口政博社長只是輕描淡寫地表示：「塑造好的作業環境本來就是我的職責，何況當天問題當天解決也是我訂的規矩。」

他們剛引進豐田式生產時，由於有待改善之處實在多不勝數，只好試著一天做多項改善，據說當時做到深夜也是家常便飯，後來隨著改善工作的逐漸累積，才慢慢有了上軌道的成就感。

把「做到結束」當作座右銘

某家服飾廠商的社長也深有同感。

他們剛引進豐田式生產的時候，每天都狀況百出只得工作到深夜。由於女性員工居多的關係，當時加班加得太兇，據說還一度引起勞工主管機關的關切。回想起來，社長只說：「多虧當時做得徹底，才有今天。」

根據社長的說法，當時我還用嚴厲的口氣激勵他們說：「一睡反而會累到起不來，不要睡了，先把事情做完。」簡直把我說得跟魔鬼沒兩樣，不過，我的確是在豐田汽車養成了「問題要在當天解決」的習慣。直到現在，我仍然把「做到結束」，這種「今日事今日畢」的精神當成自己的座右銘。

問題發生時，有些人只會在腦海中翻來覆去地想「這樣也不對……那樣也不對」，這種人偏偏就是想半天也不會有任何實際行動。他們好像覺得什麼事都不用做，問題自然會解決。還有些人抱著「明天再說」的心態，把問題拖過今天。這樣會造成把浪費置之不顧的後果。

今天發生的問題，盡量在今天之內解決完畢，這種努力的態度比什麼都重要。即使有些問題無法在一天之內解決，也要抱著天天實踐、天天嘗試的熱忱去努力。那麼，天大的問題都會迎刃而解。

3 透徹思考與採取行動

不做的話公司就沒有未來，以這種心態去解決問題

改善地圖與笑咪咪的照片

參觀豐田的工廠、或是實踐豐田式生產的企業時，一定都會注意到「改善地圖」——一張描繪了工廠的生產線，而且上面標示許多員工姓名的圖，有些公司甚至還貼了照片。原來這是從員工所提出的幾百、幾千項改善提案當中，選出特別優秀的，把他們的名字、照片標示在他們對生產線實際發揮改善作用的部分。

對當事人而言，這無疑是一大鼓勵，而且這張圖還會出現在工廠的參觀路線當中，參觀者都會看到。想想家人、小孩來參觀工廠時，看到自己父親、母親的名字照片在上面，該是件多麼驕傲的事。

在改善提案方面，除了張貼改善地圖之外，理光公司還把收納櫃的改善案提報去申請專利。自己的提案能變成一項專利，對提案人來說，應該是最大的成就感吧。

問題意識從疑問中產生

豐田式生產是在現場工作人員每天所提的改善方案一一落實之下而成立。提案有各種各樣的層次，有些是提報工作上困難之處、操作姿勢不順之類的，屬於「發覺」層次的改善案；有的則已經把改善後的效果考慮在內。一旦改善案獲得採納，無論發覺的人還是讓改善案具體成形的人，都會得到同等的評價。

只要能確保這樣的改善環境，每個月要出現上千件的改善案也不足為奇。如果公司以專案計畫的方式來推動，比方說「本月份來進行一項改善計畫吧」，以這種心態去做的話，那麼改善可能在當月活動之後就無疾而終。豐田式生產的改善是一項日常活動，公司上下已經把改善視為理所當然的習慣。

不過，大多數企業並未養成改善的習慣。

改善不能憑「一時興起」，如果不抱著「不這麼做，公司遲早會完蛋」的心態去推動，改善制度就無法落實。這恐怕是因為還沒感受到「無論如何一定得做」的迫切性吧，更重要的，是因為缺乏問題意識。問題意識從何而來？來自疑問：「今天的做法糟透了，難道沒有更好的方法嗎？」

一天花一小時思考也好

有位經營者斬釘截鐵表示：「說穿了，經營就是透徹思考與採取行動。」其實不只是經營而已，無論對什麼事都保持疑問的態度，去思考、思考、再思考，是追求個人成長的必經之路。

一般經營者、企業人面對自己的工作，到底有多少人真正做到透徹思考與採取行動？有沒有人安於現狀而在原地踏步，發生棘手問題時視而不見，把問題擱置一旁？

某次筆者向大野耐一報告前一天的資料時，他說：**「今天怎麼可能跟昨天一樣？就拿我來說，今天都比昨天老了一點啊。」**他對「日新又新」的堅持程度，從他連統計學的基本假設——假設今天與昨天相同都予以否定，就可窺得一二。難怪豐田能夠數十年如一日地持續改革，讓這個風氣得以根深柢固。

這當然不是一蹴可幾的事，首先從培養思考的習慣做起吧，短短一小時也好，每天都要認真去想：「這樣做真的可以嗎？」想到的改善要養成立刻去實行的習慣，經年累月下來，就會培養出問題意識與行動力。

4 自己的城堡要自己守

只要不實行鎖國政策，全球市場終會趨向整合為一。在所有已開發、開發中國家，甚至國內對手企業的動向牽一髮而動全局的時代，你的公司能安穩度過嗎？

營運狀況隨匯率起伏而波動的企業，沒什麼好討論的

當初日圓升值重挫經濟、貿易摩擦問題產生時，大野耐一說了以下這段話：「我們千萬不能心存依賴，寄望政府出面解決問題，找尋生路靠自己的心態比什麼都重要。

「與其哀求政府幫我們減輕日圓大幅升值的衝擊，不如做好捱不過考驗就讓公司倒閉的準備，以破斧沉舟的心情拼命去解決問題，這樣反而會有浴火重生的機會。要做好咬緊牙根努力到最後一刻，萬一事與願違就坦然面對失敗的心理準備。」（引自《工廠管理》）

這番話背後當然隱含了連帶的具體措施：豐田為了抵銷日圓升值所帶來的衝擊，更進一步執行豐田式生產的徹底消除浪費。不過，就心理層面來說，則是以破斧沉舟的決心去面對。

任憑公司的命運隨匯率波動而載浮載沉的企業，不用浪費時間去討論。匯率本來就不是任何企業能操縱，升值也不能當藉口，如果對政府心存依賴的話，就不會有真正的覺悟。豐田汽車，就是因為經常以「自絕退路」的覺悟心態去拼命，才有今天的成功。

把問題歸咎於景氣，死到臨頭還不自知

我發現許多營造廠的經營者，到現在還不了解市場原理。聽他們提到公司股價跌破票面、要求債權人放棄巨額債權之類的話時，一副事不關己的樣子，好像根本不打算提出什麼具體的因應對策。

過去是由公共事業帶動經濟的時代，了不了解市場原理的確不是重點。只要顧好與政治人物、建設省（譯註：建設相關事務的主管機關）、地方政府的政商關係，公司營運就不成問題。然而隨著時代改變，這一套漸漸失去作用，公司營運也連帶亮起紅燈，在束手無策的情況下終於淪落到今天的地步。

同樣地，也常看到許多狀況外的景氣循環論者，眼看著公司競爭力日漸消失，卻不明真相而歸咎於景氣，還以為靜待景氣回升，營運自然會跟著好轉。

這些企業不會有危機感，更不會產生背水一戰拼到底的「覺悟」。

下定決心拼到底，總會走出一條路

企業人士也是一樣，說他們沒有危機意識，肯定會遭到反駁：「我們可是抱著危機意識拼了命在努力。」可是對照現實，還是讓人覺得他們似乎心存僥倖，期待公司設法解決。

以豐田為師，成本競爭力天下無敵的船井電機，曾在雜誌訪談中表示，船井能夠貫徹到底的原因，在於「危機感」。如果想要引進豐田式生產，與豐田同樣獲得成功的話，就得抱定「不這麼做，公司遲早會完蛋」的危機感與覺悟的心情去面對，不能有得過且過的念頭，也不能以「已經很不錯了」而停下腳步。

「自己的城堡要自己守」是石田退三的名言。出於《商魂八十年》的這句話，至今仍是歷久彌新的金玉良言。

對於眼前情況抱著得過且過心態的話，情況當然另當別論；可是，如果想要挽回曾經擁有的國際競爭力，那麼唯有徹底覺悟進行一番變革，這個道理不僅適用於企業，也適用於企業裡的個人。

5 「尊重人性」的前提是「尊重人」

重視人之所長，把人的力量發揮到極致。反過來，也會看到人的弱點，加以體諒。

安全重於一切

豐田式生產引以為根本的「尊重人性」當中，隱含的第一個前提就是「尊重人」。在生產現場來說有以下三大要點：

第一，要遵守勞動基準法、男女雇用機會均等法、安全衛生法、危險物品處理法等相關法令。尤其要以安全為最高指導原則。豐田有項說法：「尊重人↓安全第一↓安全是各項作業的入口」。

第二，塑造適合長時間勞動的環境，包括照明、無障礙、搬運輕量化等的設計，尤其對於以蹲跪之類不自然姿勢進行的作業必須徹底加以改善。

工作時間與休息時間同等重要

第三，尊重時間。人的一生當中，工作時間占了相當寶貴的一部分，重視並且有效利用時間是「尊重人」的前提要件。讓員工進行無意義的作業，是在浪費人的時間，非常要不得。因此，更要「將動作化為工作」。

關於尊重時間方面，某家豐田工廠貼了一張「創造活力職場的得分統計表」。其中有個項目是「是否確實申請年假？」從這裡可以看出，公司認為員工確實申請年假有助於塑造活力職場。這也說明了，公司不僅重視員工的工作時間，也同樣重視員工的休息時間。

畢竟，人要在「身心都受到照護」的前提下，才能徹底發揮自己的力量。

了解「尊重人」與「尊重人性」

「尊重人」才可能做到「尊重人性」。

不管再怎麼唱高調說自己「重視思考能力」，只要對安全、環境、時間的考慮有欠周全，還是沒有用。換句話說，這個思考能力必須建立在尊重安全、環境、時間的基礎之上。

生產現場的工作無論怎麼精心設計，都難免流於單調重複。也因為這樣，更要培養多能工，讓員工有能力從事多項作業，尤其更重要的，是培養員工成為「獨立思考，自行改善」的人，而不是只會「依照指令反覆操作」。「不只是去上班，更要帶腦袋去上班」可說是豐田式生產的象徵。塑造一個運用智慧的環境，會讓員工的工作價值大為改觀。

引進豐田式生產之前，一定要先了解「尊重人」與「尊重人性」之別，否則不管引進什麼手段、手法，都不可能持續有效，不但無法達成讓員工「運用自己智慧」的重點，更別提促進「人的成長」。重視人之所長，把人的力量發揮到極致，以這個為出發點，自然也會懂得去了解人的弱點，給予充分的體諒。

6 堅定的意志與持續到底的力量

人類社會不相信人的智慧，要相信什麼？
豐田式生產源於日本，進而發展成產品製造的世界級標準，
它不單只是一種生產體系，也是管理體系，
對個人的人生管理也同樣有用

絕不以「這樣就可以了」為滿足

「每次來，都讓我驚訝地發現他們又有創新。」

共立金屬工業的阪口政博社長，推行KPS式生產至今已頗具成效，可是一有機會他還是會到豐田旗下的工廠去參觀。據說每次去參觀一定有新發現，也因而得到新的刺激，產生再投入改善的熱情。

愛新精機的前副社長白鳥進治（現任愛新輕金屬社長）也表示：「在集團企業聚會的場合中，聽到豐田憑著大型沖壓機在換裝模具上的獨到之處，打造出技冠全球的車身，激發了

我輸人不輸陣的想法。」

實踐豐田式生產的企業有一個共同點，那就是具備不斷改善的意志力。無論已經達到多少成效，絕不會以「這樣就可以了」而自滿。某位建設公司社長描述他每天從事改善的心情：「實行豐田式生產已將近十年，我還是一直覺得目前的做法真是糟透了。」

有需要才會激發智慧，也才能堅持下去

對豐田式生產而言，「每天改善」是非常重要的一環。話說回來，從事改善就算是在實踐豐田式生產了嗎？並不盡然。基於實際需要而進行的改善才會有效果。如果沒有實際需要，只是為改善而改善，很容易變成「一時興起的改善」，這樣的效果與投資會不成比例。

豐田式生產的改善都是從實際需要中引發而來的，比方說「三年內趕上美國」、「如何做到產量不變，而提高生產力」等都是。有實際需要才會激發智慧，也才會產生一定要讓人刮目相看的堅強意志。

許多執行成效相當不錯的企業，在引進豐田式生產一段時期之後，又重新回到原點。原因之一，是當初那股「說什麼也要拼到底」的強烈目的意識漸漸消失，經營者的目標趨於模

糊。那麼改善的需要也就不會再產生。

達成某項目標之後，是否能做到不以此為滿足，再接再厲發覺新的需要，持續去從事改善，這就是企業能否實現豐田式生產的關鍵性差異所在。

立定遠大志向，每天從事改善，每天勤於實踐

大野耐一說過：**「所謂的需要不是等來的，要主動出擊去把握。」**要想實踐豐田式生產，就要隨時提出新的目標，要具備發覺新需要的眼光。

目標要靠「遠大的志向」來支持。豐田英二認為「確立產品製造的根基，是經營者責無旁貸的任務」，當初他宣布要設立以生產技術的演進為主題的「產業技術紀念館」時，正是其他企業被泡沫經濟沖昏頭，熱中於財務操作的時期。從這裡也可看出「透過產品製造，實現富足豐饒的社會」這個從豐田佐吉以來不曾改變過的豐田精神。張富士夫社長在宣布豐田創下成立以來合併損益表之最高經常利益的紀錄時，發下豪語：「要成為日本產品製造的領航者」。正因胸懷大志要從事「理想的產品製造」，讓豐田至今仍然兢兢業業，持續改善。

沒有什麼比立下「遠大志向」更重要，只是，千萬不能有一步登天的想法。還是要藉由

「天天改善、天天實踐」的累積，一步一腳印去努力。能做到「天天改善、天天實踐」的，只有人而已。對於人的智慧、人的力量要給予最高度的信賴，懂得善加運用才能在今後的時代占有一席之地。

本章重點回顧

一旦目標達成，人往往會開始安於現狀。豐田則是隨時在找尋新的目標，抱持危機感去挑戰，這也是他們賴以持續成長之道。一旦選定目標，就不要遲疑，總之要先付諸實行。而且，絕對不要拖延問題，養成今日事今日畢的習慣。那麼，接下來該做什麼事，也會看得一清二楚。這個過程不斷反覆，就是形成超人一等競爭力的基礎。

問題思考

1 請舉出公司以及您個人所擁有的優、缺點各十項。
2 對公司以及您個人而言，稱得上志向的目標是什麼？

本書關鍵用語

剛好及時（Just in Time）

豐田式生產的兩大支柱之一，出於豐田喜一郎的構想。基本概念是只在必要時刻取得必要數量的必要物品，可以消除生產現場所有的不平均、過度負荷與浪費，進而提高生產效率。

自働化

豐田式生產的兩大支柱之一。構想來自豐田佐吉所發明的「自働織布機」，也就是一旦織線斷掉、用完，機械就會立刻停止的預防不良品的機制。從自働織布機得到的靈感應用在豐田式生產上，就是所有機械都添加了「人類智慧」的「人字旁的自働化」。當異常情況發生時，自働化機械會立刻停止運轉。這個思考方式擴大應用到所有生產線，就是一旦發生異常時，現場員工會做出停止生產線的決定，以徹底查明異常原因。

看板

雖然被視為豐田式生產的代名詞，事實上，看板只是讓豐田式生產能夠順利運行的手段。當後製程要在「必要時刻，向前製程領取必要數量的必要物品」時，便在看板上書寫領取、製造指示的資訊。

真正原因

將「原因」抽絲剝繭，「真正原因」才會出現。豐田式生產在問題發生時，一定要透過「連問五次為什麼」來查明真正原因。不找出問題的真正原因，就可能會開錯處方，未來也可能再度發生同樣問題。

職業技能訓練表

每位員工在生產現場的工作上，所應具備的各項能力當中，各自擁有哪幾項、每項能力的程度高下，透過「職業技能訓練表」都會一清二楚。這是培養「多能工」，並且給予員工公正的能力考核不可或缺的一環。職業技能訓練表也可應用於幕僚人員的考核上。

現地現物

生產現場發生什麼狀況，該怎麼解決，光用頭腦想而不親眼去看，很容易犯下離譜的錯誤。豐田式思考並不否定理論的重要性，只是會考慮現場的適用性，而以現地現物的概念確認事實後再採取動作。貼近現場並腳踏實地去做事，是一切的根本。

前置時間（Lead Time）

從接單、生產到出貨的累計時間。生產的前置時間是從備料到完成的時間。前置時間愈短，愈能在不增加庫存的情況下，一一滿足顧客的各項需求。

單件流生產

相對於將同一產品集中生產的大批量生產而言，單件流生產是指各製程間的搬運批量只有「一」件。單件流生產有助於實現少量多樣的生產，而前置時間也得以大幅縮減。

快速換模

指換裝模具時間在「十分鐘」以內者。換模時間一長，就很難降低生產批量；只要換模時間能有效縮短，那麼小批量生產、甚至單件流生產就有機會達成。實現快速換模，有待作業步驟的改善，以及設備、工具的改善。如果換模時間進一步縮短到一分鐘以內的話，可稱為「one-touch 換裝模具」。

目視管理

讓所有人對現場情況都能一目了然的管理方式。將不良品攤在眾人眼前，無論生產的進度符合預期、或低於預期，都能立刻知道。象徵製程內有異常情況發生的「Andon」（通報製程狀況的顯示板）也是目視管理的工具之一。

暢流式生產

將工作沿著其價值溪流逐漸完成，如此，某產品從開始設計到設計、生產完成，從訂單到交貨，從原材料到交到顧客手中，這些過程中都沒有停頓或停工、報廢、過程回流等浪費。

多能工

訓練員工可操作並維護多種不同的生產設備、機器。

經濟新潮社 〈經營管理系列〉

書號	書名	作者	定價
QB1143	**比賽，從心開始**：如何建立自信、發揮潛力，學習任何技能的經典方法	提摩西．高威	330
QB1144	**智慧工廠**：迎戰資訊科技變革，工廠管理的轉型策略	清威人	420
QB1145	**你的大腦決定你是誰**：從腦科學、行為經濟學、心理學，了解影響與說服他人的關鍵因素	塔莉．沙羅特	380
QB1146	**如何成為有錢人**：富裕人生的心靈智慧	和田裕美	320
QB1147	**用數字做決策的思考術**：從選擇伴侶到解讀財報，會跑Excel，也要學會用數據分析做更好的決定	GLOBIS商學院著、鈴木健一執筆	450
QB1148	**向上管理．向下管理**：埋頭苦幹沒人理，出人頭地有策略，承上啟下、左右逢源的職場聖典	蘿貝塔．勤斯基．瑪圖森	380
QB1149	**企業改造（修訂版）**：組織轉型的管理解謎，改革現場的教戰手冊	三枝匡	550
QB1150	**自律就是自由**：輕鬆取巧純屬謊言，唯有紀律才是王道	喬可．威林克	380
QB1151	**高績效教練**：有效帶人、激發潛力的教練原理與實務（25週年紀念增訂版）	約翰．惠特默爵士	480
QB1152	**科技選擇**：如何善用新科技提升人類，而不是淘汰人類？	費維克．華德瓦、亞歷克斯．沙基佛	380
QB1153	**自駕車革命**：改變人類生活、顛覆社會樣貌的科技創新	霍德．利普森、梅爾芭．柯曼	480
QB1154	**U型理論精要**：從「我」到「我們」的系統思考，個人修練、組織轉型的學習之旅	奧圖．夏默	450
QB1155	**議題思考**：用單純的心面對複雜問題，交出有價值的成果，看穿表象、找到本質的知識生產術	安宅和人	360
QB1156	**豐田物語**：最強的經營，就是培育出「自己思考、自己行動」的人才	野地秩嘉	480
QB1157	**他人的力量**：如何尋求受益一生的人際關係	亨利．克勞德	360
QB1158	**2062**：人工智慧創造的世界	托比．沃爾許	400
QB1159	**機率思考的策略論**：從消費者的偏好，邁向精準行銷，找出「高勝率」的策略	森岡毅、今西聖貴	550

經濟新潮社　〈經營管理系列〉

書　號	書　　名	作　　者	定價
QB1058	**溫伯格的軟體管理學**：第一級評量（第2卷）	傑拉爾德．溫伯格	800
QB1059C	**金字塔原理Ⅱ**：培養思考、寫作能力之自主訓練寶典	芭芭拉．明托	450
QB1061	**定價思考術**	拉斐．穆罕默德	320
QB1062X	**發現問題的思考術**	齋藤嘉則	450
QB1063	**溫伯格的軟體管理學**：關照全局的管理作為（第3卷）	傑拉爾德．溫伯格	650
QB1069	**領導者，該想什麼？**：成為一個真正解決問題的領導者	傑拉爾德．溫伯格	380
QB1070X	**你想通了嗎？**：解決問題之前，你該思考的6件事	唐納德．高斯、傑拉爾德．溫伯格	320
QB1071X	**假說思考**：培養邊做邊學的能力，讓你迅速解決問題	內田和成	360
QB1075X	**學會圖解的第一本書**：整理思緒、解決問題的20堂課	久恆啟一	360
QB1076X	**策略思考**：建立自我獨特的insight，讓你發現前所未見的策略模式	御立尚資	360
QB1080	**從負責到當責**：我還能做些什麼，把事情做對、做好？	羅傑．康納斯、湯姆．史密斯	380
QB1082X	**論點思考**：找到問題的源頭，才能解決正確的問題	內田和成	360
QB1083	**給設計以靈魂**：當現代設計遇見傳統工藝	喜多俊之	350
QB1084	**關懷的力量**	米爾頓．梅洛夫	250
QB1089	**做生意，要快狠準**：讓你秒殺成交的完美提案	馬克．喬那	280
QB1091	**溫伯格的軟體管理學**：擁抱變革（第4卷）	傑拉爾德．溫伯格	980
QB1092	**改造會議的技術**	宇井克己	280
QB1093	**放膽做決策**：一個經理人1000天的策略物語	三枝匡	350
QB1094	**開放式領導**：分享、參與、互動——從辦公室到塗鴉牆，善用社群的新思維	李夏琳	380
QB1095X	**華頓商學院的高效談判學（經典紀念版）**：讓你成為最好的談判者！	理查．謝爾	430
QB1098	**CURATION策展的時代**：「串聯」的資訊革命已經開始！	佐佐木俊尚	330

經濟新潮社　〈經營管理系列〉

書號	書名	作者	定價
QB1008	**殺手級品牌戰略**：高科技公司如何克敵致勝	保羅・泰柏勒、李國彰	280
QB1015X	**六標準差設計**：打造完美的產品與流程	舒伯・喬賀瑞	360
QB1016X	**我懂了！六標準差設計**：產品和流程一次OK！	舒伯・喬賀瑞	260
QB1021X	**最後期限**：專案管理101個成功法則	湯姆・狄馬克	360
QB1023	**人月神話**：軟體專案管理之道	Frederick P. Brooks, Jr.	480
QB1024X	**精實革命**：消除浪費、創造獲利的有效方法（十週年紀念版）	詹姆斯・沃馬克、丹尼爾・瓊斯	550
QB1026	**與熊共舞**：軟體專案的風險管理	湯姆・狄馬克、提摩西・李斯特	380
QB1027X	**顧問成功的祕密（10週年智慧紀念版）**：有效建議、促成改變的工作智慧	傑拉爾德・溫伯格	400
QB1028X	**豐田智慧**：充分發揮人的力量（經典暢銷版）	若松義人、近藤哲夫	340
QB1041	**要理財，先理債**	霍華德・德佛金	280
QB1042	**溫伯格的軟體管理學**：系統化思考（第1卷）	傑拉爾德・溫伯格	650
QB1044	**邏輯思考的技術**：寫作、簡報、解決問題的有效方法	照屋華子、岡田惠子	300
QB1044C	**邏輯思考的技術**：寫作、簡報、解決問題的有效方法（限量精裝珍藏版）	照屋華子、岡田惠子	350
QB1045	**豐田成功學**：從工作中培育一流人才！	若松義人	300
QB1046	**你想要什麼？**：56個教練智慧，把握目標迎向成功	黃俊華、曹國軒	220
QB1047X	**精實服務**：將精實原則延伸到消費端，全面消除浪費，創造獲利	詹姆斯・沃馬克、丹尼爾・瓊斯	380
QB1049	**改變才有救！**：培養成功態度的57個教練智慧	黃俊華、曹國軒	220
QB1050	**教練，幫助你成功！**：幫助別人也提升自己的55個教練智慧	黃俊華、曹國軒	220
QB1051X	**從需求到設計**：如何設計出客戶想要的產品（十週年紀念版）	唐納德・高斯、傑拉爾德・溫伯格	580
QB1052C	**金字塔原理**：思考、寫作、解決問題的邏輯方法	芭芭拉・明托	480
QB1053X	**圖解豐田生產方式**	豐田生產方式研究會	300
QB1055X	**感動力**	平野秀典	250

國家圖書館出版品預行編目（CIP）資料

豐田智慧：充分發揮人的力量／若松義人、近藤哲夫著；林慧如譯. -- 二版. -- 臺北市：經濟新潮社出版：家庭傳媒城邦分公司發行, 2019.12

面；　公分. --（經營管理；28）

ISBN 978-986-97836-8-2（平裝）

1.企業管理　2.人力資源管理

494　　108020727